树莓派用户指南

（第4版）

Raspberry Pi User Guide Fourth Edition

［英］埃本·阿普顿（Eben Upton）　加雷思·哈菲克（Gareth Halfacree）　著

王伟 马永刚 高照玲 韩雪 田华 译

人民邮电出版社

北　京

图书在版编目（CIP）数据

树莓派用户指南：第4版 / （英）埃本·阿普顿
(Eben Upton)，（英）加雷思·哈菲克
(Gareth Halfacree) 著；王伟等译. -- 4版. -- 北京：
人民邮电出版社，2020.5
ISBN 978-7-115-52407-2

Ⅰ．①树… Ⅱ．①埃… ②加… ③王… Ⅲ．①
Linux操作系统—指南 Ⅳ．①TP316.85-62

中国版本图书馆CIP数据核字(2019)第258786号

版 权 声 明

◆ 著　　　［英］埃本·阿普顿（Eben Upton）

　　　　　［英］加雷思·哈菲克（Gareth Halfacree）

　译　　　王　伟　马永刚　高照玲　韩　雪　田　华

　责任编辑　胡俊英

　责任印制　王　郁　焦志炜

◆ 人民邮电出版社出版发行　　北京市丰台区成寿寺路 11 号

　邮编　100164　　电子邮件　315@ptpress.com.cn

　网址　http://www.ptpress.com.cn

　三河市君旺印务有限公司印刷

◆ 开本：800×1000　1/16

　印张：16.25

　字数：243 千字　　　　　　　2020 年 5 月第 4 版

　印数：8 601 – 11 100 册　　　2020 年 5 月河北第 1 次印刷

　著作权合同登记号　图字：01-2017-1459 号

定价：69.00 元

读者服务热线：(010)81055410　印装质量热线：(010)81055316
反盗版热线：(010)81055315
广告经营许可证：京东工商广登字 20170147 号

内容提要

树莓派（Raspberry Pi）是一款基于 Linux 系统的卡片式计算机，它外形小巧，相当于一张信用卡的大小。研发树莓派的初衷是希望通过低价硬件和自由软件来推动学校的基础计算机学科教育，但很快树莓派就得到了众多计算机发烧友和硬件爱好者的青睐。他们用它学习编程，并创造出各种各样新奇的、风靡一时的软硬件应用。

本书由树莓派的创始人编写，是经典的树莓派用户指南。这是本书全新升级之后的第 4 版。本书共 5 篇，第 1 篇（第 1～7 章）介绍树莓派的基础知识（树莓派的各个版本及其相关背景）、树莓派入门、Linux 系统管理、故障排查、网络配置、树莓派软件配置工具和树莓派高级配置；第 2 篇（第 8 章和第 9 章）介绍如何将树莓派作为家庭影院计算机、如何将树莓派应用于生产环境；第 3 篇（第 10～12 章）介绍 Scratch 编程、Python 编程和树莓派版 Minecraft；第 4 篇（第 13～16 章）介绍硬件破解、GPIO 端口、树莓派的摄像头模块和扩展电路板；第 5 篇（附录 A～附录 C）介绍 Python 程序代码、树莓派的摄像头知识快速参考和 HDMI 显示模式。

本书可作为程序员、计算机软硬件爱好者以及对树莓派感兴趣的读者的参考读物，也可作为树莓派相关实践课程的基础教程。

作者简介

埃本·阿普顿（**Eben Upton**）是树莓派基金会的创办者，同时担任树莓派基金会的 CEO。他负责树莓派的整体软件和硬件架构设计，以及维护基金会与主要供应商和客户的关系。他早年曾成功地创办了两家公司，分别是 Ideaworks 3D 移动游戏公司（现在是 Marmalade 公司）和 Podfun 中间件公司。他还曾担任剑桥大学圣约翰学院计算机科学专业的教学主管。Eben 拥有剑桥大学的学士、工商管理硕士以及博士学位。目前 Eben 在博通公司担任 ASIC 架构师。

加雷思·哈菲克（**Gareth Halfacree**）是一名技术专栏的作家，他与 Eben Upton 共同创立了树莓派项目并合作编写了《树莓派用户指南》（*Paspberry Pi Use Guide*）。他曾是树莓派基金会教育部门的系统管理员。Gareth 对开源项目有着非常强烈的热情，并从事过多种职业，经常为 GNU/Linux、LibreOffice、Fritzing 和 Arduino 等众多开源项目进行审阅、归档等工作，甚至包括实际的代码贡献。他还是 Sleepduino 和 Burnduino 开放式硬件平台项目的创始人，这些开放式项目拓展了 Arduino 电子原型系统的功能。

技术编辑简介

安德鲁·席勒（**Andrew Scheller**）是一名自由软件开发人员。他曾为许多客户开展过项目，包括更新树莓派 NOOBS 软件使其在树莓派 2 上运行。在成为自由职业者之前，他曾在索尼电脑娱乐（Sony Computer Entertainment，SCE）担任程序员，开发过多款游戏，包括 PlayStation Portable 的 *MediEvil Resurrection* 和 PlayStation 2 的《反恐 24 小时》（*24：The Game*）。在那里，他开发了一种本地化系统，该系统已被全球所有索尼游戏工作室作为标准。他在空闲时间研发开源软件，并且已使用 Linux 达 20 多年。他喜欢散步、骑自行车和攀岩，同时拥有杜伦大学的计算机科学学士学位。

序言

"今天的孩子们是数字时代的原住民。"在一个烟火晚会上，一个朋友曾对我说，"我不理解为何你们要做这个东西，毕竟我的孩子们比我更懂得怎样去安装计算机。"

我问他，"孩子们是否会编程"，他回答道，"他们为什么想要去编程呢？计算机已经可以帮助他们做许多需要完成的事情了，不是吗？"

事实上，今天许多的孩子并不是数字时代的原住民。我们还没见识过这些被想象出来的、"疯狂"的数字时代原住民中的任何一个，他们晃动着互联网的双绞线，咏唱着用 Python 语言编写的美妙赞歌。在树莓派基金会的教育推广工作中，我们的确见识过许多孩子，他们与技术的所有交集仅限于带有图形用户界面的封闭式平台，他们用它来播放电影，做文字处理类的家庭作业，甚至玩游戏。他们会浏览网站、上传图片和视频，甚至还能设计网页（通常他们比自己的爸爸和妈妈更会安装卫星电视盒）。计算机是一个有用的工具，但很多孩子对它的认识是不完整的，在一个仍有一些家庭不具备计算机的地方，并不是所有的孩子都有机会使用这种工具。

尽管我对烟火晚会上新认识的朋友抱有很高的期望，但计算机并不会自己编程。我们仍需要一个拥有众多熟练工程师的行业，该行业推动技术不断向前发展。我们需要年轻人来从事这些工作，去填补老一辈工程师退休和离开而形成的空缺。然而，与培养新一代的编程者和硬件黑客相比，我们更需要做的是去传授一种编程的思维和技巧。这种技巧帮助大家用复杂的、非线性的方式构建创造性的思维和任务，这也是一种有用的技巧。同时，对于每个获得这种能力的人来说，都有巨大的好处，无论是历史学家，还是设计师、律师或化学家。

编程是快乐的

编程能给人们带来非常多的乐趣，有益且有创造性。在编程中，我们可以创造出绚丽复杂的事物，并克服种种困难找到聪明的、快速且简单的解决之道（这在我看来更有意义）。我们可以做出让别人羡慕的产品，这会让人高兴一整个下午。在日常工作中，我的任务是设计用于树莓派处理器的芯片并为之开发底层软件。我整天坐在那里开发并获取报酬，又有什么比让人花一生的时间投入到这些事情中更加美好呢？

这并不是说孩子们不想投入计算机行业中。几年前，当树莓派进展还很缓慢的时候，就已经有一股很强大的力量了。所有的树莓派开发工作都是由树莓派志愿者和负责人利用下班后的时间或者周末的时间完成的。由于我们是一个公益机构，因此参与者是不拿基金会任何报酬的，收入全部来自我们各自的本职工作。这意味着有时候我们会缺乏动力，比如哪天晚上我想慵懒地坐在电视机前看看节目或者喝点葡萄酒。一天晚上，在我和邻居的侄子讨论他中学会考[1]（General Certificate of Secondary Education，GCSE）的课程时，我问他以后想以何谋生。

他说："我想编写计算机游戏。"

"很棒！你家里的计算机是什么型号的？我可以给你几本你可能感兴趣的编程图书。"我说道。

"一台 Wii 和一台 Xbox。"他说。

在和他聊了一会儿之后，我意识到这个聪明的小孩根本就没做过任何实际的编程工作，家里也没有一台可以让他用来编程的机器。他在信息通信技术课（Information and Communication Technology，ICT）上和别人共用一台计算机，只学过网页设计、文字处理和电子表格的使用，却没有学习最基本的计算机基础知识。但是，他对计算机游戏却有着非常大的热情（想要做热衷的事情是再寻常不过的想法了），并且希望能够通过 GCSE 课程来实现自己的愿望。他肯定拥有游戏公司想要的艺术天赋，并且数学和科学的成绩也不差。但他的学校不教编程，因为教学大纲上没有这些内容，只有类似信息通信技术课这种和编程无关的课程。缺少与计算机的接触，也使得他极少有机会获得自己想要的技能，也难以去做他一生想做的事。

像这样有潜力和有热情，但最终被消磨殆尽而无法实现目标的情况，正是我不希望看到的。当然，我现在还不至于偏执到认为树莓派能够完全扭转这样的局

---

[1] 在英国，16 岁左右的学生需要参加的公开考试，包括多个考试科目。

面，但我相信树莓派绝对可以起到催化剂的作用。我们已经看到了英国学校的课程发生了较大的变化，计算机课程进入了 2014 年修订后的教学大纲，而且我们也看到，仅仅在推出第一版树莓派的 4 年时间里，人们在为孩子们提供教育和文化服务方面的意识发生了巨大的变化。

虽然计算机编程是一项创造性的工作，但是多数孩子日常接触的计算机都被限定了起来，而不是当作创造性的工具来使用。试着想象一下，用 iPhone 去充当一个机器人的大脑，或者使用你的 PS4 来玩一个自己编写的游戏。当然，我们还可以用家庭个人计算机来编程，但这对于孩子们来说有着许多无法克服的重大困难，例如他们需要下载专门的软件，还需要有思想豁达的家长，可以放心地让孩子们拆卸一些可能不知道怎么安装的东西。许多孩子甚至没有意识到，用个人计算机来编程是一件可能做到的事情。在孩子们的眼里，计算机只是一个有着漂亮图标的机器，它可以帮我们轻松地完成许多需要做的事，却不需要去努力思考。计算机像是父母用来处理银行业务的一个密封的盒子，如果发生了什么问题，就要花很多钱进行维修。

树莓派就不一样了。一台树莓派只需要花费几个星期的零花钱，而且你很可能已经拥有了所有需要的周边设备，例如一台电视机、一张旧数码相机的 SD 卡、一个手机充电器、一个键盘和一个鼠标。树莓派不需要和家里人共享，它是属于孩子们自己的，而且它的体积足够轻巧，可以放到口袋中带到朋友家里。如果发生了什么意外，也不碍事，只需要更换一块 SD 卡，你的树莓派就又和出厂的时候一样新了。对于如何运行树莓派，我们需要慢慢学习，不过所有与之相关的工具、环境和学习材料，只要一开机就全在那里了。

历史回顾

2006 年，我在剑桥大学（Cambridge University）担任计算机科学研究主管时，开始研究这一款小巧、廉价的简易计算机。我在剑桥大学获得了学位并在从事教学的同时攻读博士学位，就在那段时间里，我注意到实验室里就读计算机科学的年轻人的技术能力呈现出明显的下降趋势。20 世纪 90 年代中期，一个 17 岁想要学习计算机的孩子在进入大学时，已经有好几种编程语言的基础了。我们逐渐发现，到了 2005 年，来学校就读的孩子只设计过一些简单的 HTML 网页，稍好一点的可能会一些 PHP 或 CSS 的编程知识。他们仍旧是非常聪明、很有潜力的孩子，但是他们所拥有的计算机编程经验已经和我们之前所看到的完全不同了。

剑桥大学计算机科学系的课程包括 60 周的讲座和研讨课，大约持续 3 年。如果我们要用完整的一年时间让学生去弥补基本的编程知识，就很难让他们在接下来的两年时间里去准备攻读博士学位或进入工业界。3 年课程下来，表现非常好的本科生并不是那些在课堂上按时完成每周编程作业或在课堂设计项目的学生，而是那些在业余时间学习了编程知识的学生。因此，树莓派最初的目的是非常简单的（相当没有野心）：我想让那些大学申请者中的一小部分人，在到大学学习之前，就已经拥有了一个良好的开端。我和我的同事期望在此之前就能够把这些设备交到中学生的手中，然后他们几个月后来剑桥大学面试时，我们就会问他们利用我们送的计算机做了些什么。那些做过一些有趣事情的孩子，会是我们这个项目感兴趣的对象。我们想或许可以制造出几百台这样的设备，或用一生的时间去生产几千台。

当然，当我们开始认真地投入到这个项目的工作中时，事情就变得明显不同了，这个小巧而便宜的计算机所能处理的事情比预想的要多得多。我们今天所看到的树莓派与我们最初做的相比已经天差地别。最开始的时候，我在厨房的桌上将一个 Atmel 芯片焊接到从 Maplin 能买到的最长的面包板上，最初的原型非常简陋，使用的是非常便宜的微芯片来直接驱动一个标准的电视机。这个原型机的性能就和早期的 8 位微型计算机差不多，只有 512 KB 的 RAM 和一些简单的 MIPS 指令的处理能力。很难想象这些机器能够捕获那些习惯了现代游戏机和 iPad 设备的孩子们的想象力。

我所在的大学的计算机实验室曾多次讨论过计算机教育的基本现状，而且当我离开实验室去往工业界从事非学术工作时，我发现自己所看到的年轻求职者与大学中的学生有着同样的问题。因此，我召集了 Rob Mullins 博士、Alan Mycroft 教授（计算机实验室的两个同事），以及 Jack Lang（他在大学主讲创业课程）、Pete Lomas（硬件专家）和 David Braben（剑桥游戏产业的领导者，写过一本极具价值的著作），还准备了许多啤酒（Jack 吃的是奶酪，喝的是葡萄酒），我们共同建立了树莓派基金会——一个拥有很多创意的小公益机构。

我的新角色是在博通公司（一家大型半导体公司）担任芯片设计师，我能够接触到公司为高端手机生产的并不昂贵、性能却很好的硬件。对于开发者用 10 美元能买到的芯片，和手机生产商用几乎同样价格买到的芯片之间的差异，我感到非常惊讶。后者所购买的芯片是将通用处理、3D 图像、视频和记忆存储整合到一个简单的 BGA 中，其封装起来只有一个手指甲的大小。这些微芯片只消耗很少的能源，却拥有很大的存储容量。它们尤其擅长进行多媒体处理，而且已经被几个机顶盒公司用来播放高清视频。一块这样的芯片已经显示出树莓派未来的发展趋势，我会持续关注成本更加低廉的后续机型，例如一个拥有 ARM 微处理器，能够应对和处理日常需求的工具。

为何叫"树莓派"

我们被问到过很多次"树莓派"（Raspberry Pi）这个名字的由来。这个名字的各个部分是由不同的管理委员提出来的，它是我所见过的为数很少的由委员会设计命名的成功案例。坦率地说，起初我是讨厌这个名字的（但是现在我开始爱上这个名字了，因为它表现得真的很不错，只不过这需要一点时间去适应，因为在最初的几年里我都把这个项目叫作"ABC Micro"）。后来改为"树莓"（Rapberry）是基于一个悠久的传统：计算机公司总喜欢以水果来命名［比较著名的一些例子还有"陈皮"（Tangerine）和"杏"（Apricot）计算机，以及"橡果"（Acorn）（如果它也可以被认为是水果的话）］。"派"（Pi）这个名字是对 Python 的重整，我们在最初的研发中得出，Python 语言可能是目前唯一能在比最终的树莓派还要弱很多的平台上使用的编程语言。实际情况是，我们仍然推荐将 Python 语言作为我们喜欢的语言来进行学习和开发，但在树莓派上你也可以使用很多其他语言。

我们觉得让孩子对使用树莓派产生热情和兴趣是一件非常重要的事情，即使他们对于编程并没有什么感觉。20 世纪 80 年代，如果你想玩一款计算机游戏，就必须启动一个"盒子"，然后通过一些指令来运行。大多数用户只是输入一些指令来启动游戏，而并未多做些什么，但有些人做得更多并被吸引着通过那些互动游戏来学习如何编程。我们意识到树莓派能够像一个非常高效、小巧而且便宜的现代媒体中心一样工作，因此我们非常希望当用户使用树莓派时，不知不觉地就能利用这个环境学习一些编程知识。

经过几年的艰苦努力，我们创造出了一个非常"可爱"的原型系统，是一个大概只有一个拇指大小的驱动器。我们在板上安装了一个固定摄像头，用来演示这类外部设备可以很容易地进行添加（产品在实际发布的时候并没有摄像头，因为它的价格会提升许多，不过我们现在做了一个廉价的独立摄像头模块供用户使用），并多次把它带到 BBC[1] 研发部门的会议中进行展示。我们这些在 20 世纪 80 年代的英国长大的人，已经通过 BBC 制作的图书、杂志和电视节目等，了解了 BBC 微型计算机[1]以及由此衍生出来的生态系统的 8 位计算机，因此我原本以为他们或许会对开发树莓派有进一步的兴趣。然而事情的结果是，和我们那个年代相比，情况已经发生了一些变化：各种法律使得 BBC 不能以我们所期望的方式加入进来。我们在做了最后一次尝试后，只得放弃研发部门的想法，由 David 在 2011 年 5 月组织了一次与高级技术记者 Rory Cellan-Jones 的会面。Rory 对和 BBC 的合作并没抱太多的希望，但他还是问了一下是否能用他的手机拍一段我们这个小原型板的视频并上传到他的博客上。

第二天早上，Rory 的视频就已经开始疯狂地传播开来。我意识到我们已经通过一个非常偶然的机会向这个世界做出了承诺：我们会给每一个人制造一台仅需 25 美元的计算机。

当 Rory 开始撰写另一篇博客来详尽地描述是什么让一段视频得以如此疯狂地传播时，我们开始了进一步的思考。那个最初的、拇指大小的原型系统并不适合大众的价位——标准的摄像头配置，对于我们提出的设想来说还是太昂贵了（25 美元是我向 BBC 提出的，我认为树莓派应该和一本教材的价格差不多，现在看来显然我对于如今教材的价格完全不了解）。另外，我们还想让它达到设计时想要的可用性，但这个微小的原型系统并没有足够的扩展空间来满足我们为此所需要的所有接口。因此，我们花了一年的时间改进这个系统，在尽可能降低成本的同时，保持我们预期的所有特色（降低成本是一件比想象中要难得多的事），而且使树莓派尽量做得更可用，以便满足那些可能负担不起太多外部设备费用的用户。

我们知道要让树莓派能在家中和电视机一起使用，就像是 20 世纪 80 年代的 ZX 光谱器，这样可以为用户节省一个显示器的费用。然而，并非每个人都有 HDMI 电视机，因此，我们增加了一个复合视频接口，使树莓派可以同一台老式

---

[1] 20 世纪 80 年代，英国 Acron 计算机公司为帮助英国广播公司（BBC）开展 BBC 计算机扫盲项目（BBC Computer Literacy Project），从而设计并开发了一个微型计算机系列，即 BBC 微型计算机。

的 CRT 电视机一起工作。由于 SD 卡非常便宜并且很容易买到，因此我们决定不使用 micro-SD 卡作为存储媒介，毕竟这些跟指甲一样大小的卡片很容易被孩子损坏，也非常容易丢失。我们根据电源的供应情况反复尝试了一些不同的方案，最终选定了使用 micro-USB 数据线。近年来，micro-USB 已经成为了欧盟范围内移动手机的标准充电线（并开始成为一种全世界的标准规范），这就意味着这种数据线正变得越来越普遍，大多数情况下，人们家里已经有类似的数据线了。

到 2011 年年底，随着出厂日期（2012 年 2 月）的临近，我们清楚地看到事情的进展越来越迅速，随之而来的需求也比我们能够应付的要多得多。最初的投入是针对开发者的，到 2012 年后期会有向教育方面投入的计划。我们拥有一批数量不多却非常热心的志愿者，但还需要拥有更广泛用户的 Linux 社区来帮助我们构建一个软件栈，这样才能在投入教育市场之前弥补前期系统的所有缺陷。我们基金会拥有足够的资金去购买相关部件，并有能力在 1 个月左右的时间内生产出一万台树莓派。我们认为这大致能满足社区中对于早期系统感兴趣的用户。幸运但也不幸的是，我们真的已经成功地建立起一个关于树莓派的大型在线社区，并且对此感兴趣的人不局限于英国，也不局限于教育市场。实际上，一万台看上去似乎越来越不能满足现实需求了。

通过邮件向我们表示想要树莓派的就有 10 万人，而且他们都是一天之内发来订单的！毫无疑问，这也带来了一些新的问题。

我们的社区

树莓派社区是我们最骄傲的成就之一。我们从一个非常简陋的博客网站做起。2011 年 5 月 Rory 在网站上传了一段视频，并马上在原有网站建立了一个论坛之后，这个论坛现在已经有超过 6 万名的成员了，他们已经对树莓派贡献了超过 50 万条有价值的评论。如果你有任何关于树莓派或一般编程技巧的问题，无论多么深奥，那里总会有人给出答案（如果你想要的答案不在这本书里，那么你在论坛里一定会找到）。

我和树莓派相关的一部分工作包括为黑客小组、计算机类会议、教师、编程行业的同行以及相关的用户演讲和组织讨论，听众中总有人提到曾和我或我的妻子 Liz（我的妻子维护管理这个社区）在树莓派的网站上讨论过，这其中的一些人已经成为了我们的好朋友。树莓派的网站每时每刻都准备好满足用户的各种需求。

现在，那里已经有好几百名用户粉丝了，还有一本叫作 *The MagPi* 的用户杂志（可以从其官方网站上免费下载）。这本杂志每个月由社区成员负责编写，包括相关列表、大量文章、项目导引和辅导教程等内容。杂志和图书中的游戏为我提供了一种进入编程世界的简单途径。我最初使用 BBC 的微型计算机进行编程就是修改一个直升机游戏，目的是增加游戏中敌人的数量。

我们每天都会在树莓派官网上发表至少一篇文章，介绍关于树莓派的有趣的知识。来吧！加入我们的交流中吧！

要包装 10 万台微型计算机并把它们邮寄出去，就不可避免地需要纸张等材料，但实际情况是我们肯定没钱去雇人做这些事。我们没有仓库，只有 Jack 的车库。我们不可能追加资金去马上制造出 10 万台设备，之前设想的是几周能制造 2 000 台。但以目前人们感兴趣的程度来看，这个周期太长了，在我们还来不及完成所有的订单时，这东西就要被淘汰了。很明显，我们必须把生产和销售这两件事交由已经拥有基础设施和资金的专业公司去完成。因此，我们与 e 络盟（element14）和欧时（RS Components）两家公司进行了接洽，这两家公司都是具有全球性业务的英国微电子供应商，我们与它们签订了合同，由它们来进行实际的生产，并在全球范围内进行销售，这样我们就能集中精力关注产品的研发以及树莓派基金会的公益目标了。

第一天的需求量仍然很大，以致 e 络盟和欧时的网站访问量巨大，在这天的某个时间点，e 络盟每秒就有 7 个订单。而在 2 月 29 日的几个小时内，显示全世界范围内"树莓派"在谷歌的搜索量比"Lady Gaga"还要多。我们在树莓派发布的第一年里就生产并售出了 100 万块主板，这也使得树莓派成为了全球发展比较迅猛的计算机公司。这种热情并没有衰退，我们每个月都能生产 10 万台树莓派，3 年里已经累计售出了超过 300 万台，丝毫没有要衰退的迹象。在这一点上，如果我们采用了最初的那些计划，或许就只能制造出 100 台左右的计算机了。

注意
第一批树莓派产品产自中国工厂，但是在 2012 年，我们把产品线调回英国来管理。现在树莓派是由南威尔士制造的，这里曾经有在英国范围内引以为傲的制造业，不过现在还存留的工厂已经不多了。令人欣喜的是，我们在威尔士的制造成本和在中国一样，而我们可以不再为生产中的语言和文化的差异而烦恼，而且如果必要的话，我可以立刻跳进汽车并在几个小时之内赶到工厂。

我们能用树莓派做些什么

本书探索了许多能用树莓派做的事情，例如可以用 Python 代码操作整个系统的硬件，也可以把它作为一个媒体播放中心来使用，还可以在上面安装摄像头，或者在 Scratch 上设计并开发游戏。树莓派的精彩之处在于，它是一个非常小巧的通用计算机（或许会比你习惯的一些桌面系统要慢一些，但在一些其他方面会比一台普通的 PC 好得多），因此你能用它来做任何在一台普通计算机上可以做的事情。除此之外，树莓派具有强大的多媒体和三维图像处理能力，因此非常有潜力用作游戏平台，我们也非常希望看到有用户为它编写有趣的游戏。

我们认为在很多情况下，诸如利用传感器、电动机、灯光或微处理器等来打造系统的物理计算，这往往是被单纯采用软件的项目所忽视的东西，也非常令人遗憾，因为基于物理设备的计算有着巨大的乐趣。就在我们开始这个项目的时候，如果说有什么是儿童能够参与的计算行为，那就是物理计算的行为了。"海龟"[1]是我们儿童时代物理计算的标志，而如今我们玩的是机器人、四旋翼直升机或父母卧室的感应门。然而，缺少通用输入/输出（GPIO）的家庭个人计算机，对许多有着"机器人项目"梦想的用户来说是一个非常实际的障碍。而树莓派拥有 GPIO 端口，让我们能够马上开始做这些事情。

我一直惊讶于自己的大脑中从来都没想到过的来自于社区的一些金点子，例如澳大利亚学校的流星跟踪项目，英国的 Boreatton Scouts 组织以及他们通过头戴式脑电波扫描仪控制机器人（世界上第一台由青少年组织设计的脑电波控制机器人），正在制造机器人真空吸尘器的家庭，一只会"说话"的圣诞节麋鹿

---

[1] 海龟机器人（Turtles）是 20 世纪中期由 William Grey Walter 设计的教学机器人，也是早期的人工智能机器之一，因外壳形如海龟而得名。它上面搭载的传感器可以使机器人在地面上做缓慢的小角度圆周运动。20 世纪 80 年代，由于 Seymour Papert 等人的工作，"海龟"搭载了 LOGO 编程语言并能够进行纸面绘图。

Manuel。我对太空有着很强的好奇心，因此，当得知有人把树莓派用火箭和飞船送至近地轨道时，我感到异常兴奋。

在本书的第 1 版中，我曾说过，成功对于我们来说就是每年英国又有 1 000 个人在大学阶段学习了计算机科学。然而，从中受益的不仅是我们的国家、软硬件行业以及经济界，而且是这 1 000 个人中的每一个个体。我希望，他们会发现一个充满无限可能性和无穷乐趣的大世界。在本书的第 2 版和第 3 版中，我们开始变得"贪心"：我希望世界各地的每一个孩子都能接触到一台开放的、可编程的、通用的计算机，并能像 20 世纪 80 年代的我一样——在 BBC 微型计算机上学习编程。虽然这是一个远大的目标，但我们已经看到树莓派的实验室在一些最不可能的地方也在蓬勃发展，例如在喀麦隆的一个没有电网覆盖的乡村实验室中，他们用太阳能、发电机和蓄电池让树莓派运行了起来；不丹的高山上的一所学校也在做着类似的事。这些让我们感到无比自豪。

当你还只是一个孩子的时候，制造一个机器人的想法可以引领你去探索许多从未想过的地方，而我对此深有体会！

——埃本·阿普顿（Eben Upton）

资源与支持

本书由异步社区出品，社区（https://www.epubit.com/）为您提供相关资源和后续服务。

提交勘误

作者和编辑尽最大努力来确保书中内容的准确性，但难免会存在疏漏。欢迎您将发现的问题反馈给我们，帮助我们提升图书的质量。

当您发现错误时，请登录异步社区，按书名搜索，进入本书页面，点击"提交勘误"，输入勘误信息，点击"提交"按钮即可。本书的作者和编辑会对您提交的勘误进行审核，确认并接受后，您将获赠异步社区的 100 积分。积分可用于在异步社区兑换优惠券、样书或奖品。

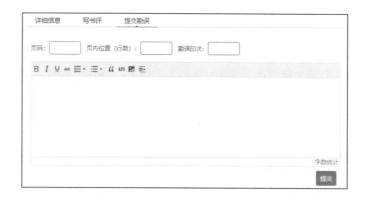

扫码关注本书

扫描下方二维码，您将会在异步社区微信服务号中看到本书信息及相关的服务提示。

与我们联系

我们的联系邮箱是 contact@epubit.com.cn。

如果您对本书有任何疑问或建议，请您发邮件给我们，并请在邮件标题中注明本书书名，以便我们更高效地做出反馈。

如果您有兴趣出版图书、录制教学视频，或者参与图书翻译、技术审校等工作，可以发邮件给我们；有意出版图书的作者也可以到异步社区在线提交投稿（直接访问 www.epubit.com/selfpublish/submission 即可）。

如果您是学校、培训机构或企业，想批量购买本书或异步社区出版的其他图书，也可以发邮件给我们。

如果您在网上发现有针对异步社区出品图书的各种形式的盗版行为，包括对图书全部或部分内容的非授权传播，请您将怀疑有侵权行为的链接发邮件给我们。您的这一举动是对作者权益的保护，也是我们持续为您提供有价值的内容的动力之源。

关于异步社区和异步图书

"异步社区"是人民邮电出版社旗下 IT 专业图书社区，致力于出版精品 IT 技术图书和相关学习产品，为作译者提供优质出版服务。异步社区创办于 2015 年 8 月，提供大量精品 IT 技术图书和电子书，以及高品质技术文章和视频课程。更多详情请访问异步社区官网 https://www.epubit.com。

"异步图书"是由异步社区编辑团队策划出版的精品 IT 专业图书的品牌，依托于人民邮电出版社近 30 年的计算机图书出版积累和专业编辑团队，相关图书在封面上印有异步图书的 LOGO。异步图书的出版领域包括软件开发、大数据、AI、测试、前端、网络技术等。

异步社区

微信服务号

目录

第1篇　树莓派基础

第 2 篇　构建媒体中心或用于生产环境

第 3 篇　树莓派编程

第 4 篇　硬件破解

第 5 篇 附录

第 1 篇
树莓派基础

第 **1** 章
初识树莓派

树莓派（Raspberry Pi）主板可以说是一个"微型"的奇迹，它和一张信用卡的大小差不多，却拥有非常强的计算能力。在首次使用树莓派开发出令人惊奇的应用前，读者还需要了解一些事情。

提示	如果你想马上使用树莓派，那么可以略过前几章，直接学习如何将显示器、键盘和鼠标连接到树莓派，以及如何安装一个操作系统，然后直接开始使用树莓派。

1.1　主板

自推出两款树莓派型号以来，树莓派系列已经被大大推广。目前的产品系列包括 5 种主流型号：树莓派 Model A+、树莓派 Model B+、树莓派 2、树莓派 3（见图 1-1）和树莓派 Zero。树莓派 Zero 是专为低成本、小尺寸主板而设计的缩减版型号。除了树莓派 Zero，其他型号在设计方面有很多相似的地方，仅在 USB 端口数量、是否有网络端口以及各自处理器能力大小等特征上有所不同。树莓派系列还有第 6 个不太常见的型号：树莓派计算模块。计算模块专为工业板载定制而设计，它运行的软件与其他主流稳定的树莓派型号运行的软件相同，但在本书中不再介绍。

如果你用的是原型树莓派，无论是 Model B 还是缩减版的 Model A，那么祝贺你拥有一个收藏品。本书中的大部分内容完全适用于你的主板，但也存在一些差异，包括无法使用符合硬件扩展（Hardware Attached on Top，HAT）标准的扩展板（可参考第 16 章）。如果发现早期的树莓派主板功能不够用，那么可以考虑更换 Model A ＋、Model B ＋，或者树莓派 2 及树莓派 3。如果预算紧张，那么可以考虑选择更便宜的树莓派 Zero。

图 1-1　树莓派 3

所有的树莓派开发板在接近中心的位置都有一块方形的半导体元器件，通常称为集成电路或芯片。这是片上系统（System on Chip，SoC）模块，它向树莓派提供通用计算处理、图形渲染及输入/输出功能。根据芯片型号的不同，它可能是最初的博通 BCM2835、速度更快的四核 BCM2836 或功能更强大的 64 位的 BCM2837。在树莓派 Model A +和树莓派 Model B +中，还有另一块半导体器件叠放在这块芯片的顶端并提供给树莓派记忆存储器，用于在运行程序时存放临时数据。在树莓派 2 和树莓派 3 上，这个芯片位于主板的下面。这类存储器又称为随机存取存储器（Random Access Memory，RAM），因为计算机可以在任意时刻对这类存储器的任何部分进行读写操作。RAM 具有易失性，这是指当树莓派断电时，存储器中存储的数据会丢失。

片上系统的下方是树莓派的视频输出接口。宽的银色连接器是一个高清晰度多媒体接口（High-Definition Multimedia Interface，HDMI），与媒体播放器、许多卫星和有线机顶盒上的连接器类型相同。在使用 HDMI 接口连接到电视机或显示器后，它可以提供高分辨率的视频以及数字音频信号。HDMI 接口右侧是一个复合视频接口，它是黑色和银色 3.5 mm 的 AV 插孔的一部分。复合视频端口设计用于连接不具有 HDMI 接口的老式电视机。复合视频端口输出的视频质量低于 HDMI，只能传输质量较低的模拟音频信号，需要使用 3.5 mm 的 AV 适配器电缆才能输出视频信号，但我们可以将模拟音频输出与任何标准 3.5 mm 的立体声音频电缆配合使用。

树莓派 Zero 的布局有些不同。它用 mini-HDMI 代替全尺寸 HDMI，需要使用 mini-HDMI 转 HDMI 线或适配器连接电视机或显示器。树莓派 Zero 还缺少大型号树莓派的 3.5 mm 的 AV 插孔，默认情况下没有模拟音频输出，只能通过将电缆或 RCA 插孔焊接到电路板左上角标有 TV 的两个孔中的一个来获得复合视频信号。

树莓派主板左上方的插针组成了通用输入/输出（GPIO）端口，可以用来连接树莓派和其他硬件设备，这类接口比较常见的用途是连接**扩展主板**。关于这些硬件扩展板，我们将在第 16 章中进行讲述。GPIO 端口是功能非常强大的端口，但它也非常容易被损坏。在使用树莓派的时候，应该避免直接接触这些插针，并且绝对不要在树莓派通电的情况下将它们和其他设备连接。

GPIO 端口下方的由塑料和金属构成的连接器[1]是一个**显示串行接口**（**Diplay Serial Interface，DSI**），用于连接数字驱动的平面显示器。除一些专业的嵌入式开发者会用到这种接口外，其他人很少使用。官方树莓派附加的触摸屏是少数使用该接口的显示器之一。相比之下，HDMI 更具灵活性。位于 HDMI 右侧的第二个塑料和金属连接器是摄像头串行接口（Camera Serial Interface，CSI），树莓派摄像头模块通过该接口与主板高速连接。有关 CSI 的更多详细信息，可参见第 15 章。

同样，树莓派 Zero 具有不同的布局：其上没有可用的 DSI，并且使用紧凑的 CSI 代替大型号树莓派上的全尺寸 CSI。这个紧凑的 CSI 需要使用适配器电缆或主板连接树莓派摄像头模块。由于旧版本树莓派 Zero 没有 CSI，因此无法使用摄像头模块。

主板的左下部分是树莓派的电源接口。这是一个 micro-USB 接口，与目前大多数新款的智能手机和平板电脑上使用的接口一样。用户可使用一根 micro-USB 数据线将树莓派连接到一个合适的电源适配器上，树莓派就可以启动了，详情见第 2 章。与台式计算机或笔记本电脑不同，树莓派没有电源开关，因此，当电源接通时，它会立即启动。对于树莓派 Zero，它的电源接口位于主板的最右侧，而不是最左侧。

---

[1] 这种样式的连接器一般被我们称为"排线连接器"，是一种连接不同电路设备的常用连接器设计。

在树莓派主板左手边的底部是一个 micro-SD 卡槽。安全数字（SD）存储卡（简称 SD 卡）可以为操作系统、程序、数据和其他文件提供存储空间，而且是非易失性的。与具有易失性的 RAM 不同，即使在电源断开的情况下，SD 卡上的信息仍然能够得以保存。在第 2 章中，我们将学习如何准备一块 SD 卡来使用树莓派，其中包括使用闪存安装操作系统。树莓派 Zero 在其主板顶部有一个 micro-SD 卡插槽，而不是在底部。

树莓派右侧的连接器可能会有所不同，这取决于你使用哪种型号的树莓派，我们将会在后面的章节中对这些型号进行更详细的介绍。树莓派主板还包括一个或多个发光二极管，这些发光二极管是主板工作状态的指示灯，用于显示、反馈主板的工作状态，例如树莓派是否通电、是否有网络连接以及是否正在访问 micro-SD 卡等。

1.2　Model A 和 Model B

最初推出的树莓派型号为 Model A 和 Model B（见图 1-2）。二者的核心处理器都采用博通的 BCM2835 片上系统，但板载的硬件规格不同。Model A 的内存为 256 MB，只有一个 USB 接口，没有网络功能；Model B 的内存为 256 MB 或 512 MB，内存具体大小取决于购买 Model B 主板的时间，它有两个 USB 接口和一个 10/100 Mbit/s 有线网络接口。

图 1-2　树莓派 Model B

树莓派 Model A 和 Model B 的 GPIO 端口比普通端口小，与现代树莓派的 40 针端口相比，Model A 和 Model B 只有 26 针引脚，因此这两种树莓派型号很容易被识别出来。Model A 和 Model B 都使用全尺寸的 SD 卡存储，而不是新型号的 micro-SD 卡。尽管树莓派 Model A 和 Model B 不再生产，但它们仍与较新型号的主要软件兼容，只是不能使用基于 HAT 标准的扩展硬件，详见第 16 章所述。

如果你有树莓派 Model A 或 Model B，那么可以毫不费力地参考本书中的大部分内容，特别要关注第 14 章，以确保将硬件正确地连接到树莓派上并能正确使用，对于本书中新型号树莓派的内容则可以忽略。

1.3 Model A+和 Model B+

最初树莓派 Model A 型和 Model B 型很受欢迎，但很快就被树莓派新型主板设计 Plus 所取代。Plus 新型主板分为 Model A+和 Model B+（见图 1-3），这些新型主板引入了现行标准的 40 引脚 GPIO 端口，同时还改进了很多功能。但是，新型主板 Plus 仍采用 BCM2835 片上系统，这意味着新型树莓派 Plus 版本和旧版之间的性能没有明显的差异。

图 1-3　树莓派 Model B+

树莓派 Model A+和 Model B+之间的硬件区别类似于 Model A 和 Model B。Model A+开发板面积比 Model A 小，具有 256 MB 或 512 MB 内存，内存大小取决于购买时间，有一个 USB 接口，无网络功能。Model B+具有 512 MB 内存，4

个 USB 接口和一个 10/100 Mbit/s 有线网络接口。

本书介绍的所有软件和设备都可以用在树莓派 Model A +和 Model B +上，而且各种新型树莓派都具有相同的 GPIO 端口布局。如果你现在已经拥有树莓派 Model A+或 Model B+，那么可能唯一需要升级提高性能的地方是增加内存或使用其内置无线功能。

1.4 树莓派 2

虽然新型树莓派 Plus 和之前的主板都使用相同的 BCM2835 片上系统，但树莓派 2（见图 1-4）是第一款采用全新处理器 BCM2836 片上系统的产品。BCM2836 具有 4 个单核处理器，提供的性能是 BCM2835 的 4～8 倍，BCM2836 从文字处理到编译代码的运行速度都比 BCM2835 更快。树莓派 2 主板还拥有 1 GB（1 024 MB）的 RAM，是旧版本最大值的两倍，使多任务处理和内存密集型应用程序运行更加流畅，响应速度更快。

图 1-4　树莓派 2

然而，从主板布局来看，Model B+几乎没有什么变化。树莓派 2 也具有相同的 40 引脚 GPIO 端口、4 个 USB 接口、一个 10/100 Mbit/s 有线网络接口和所有其他外设接口。如果你有一个适用于 Model B+的外壳或外接设备，那么它也可以用在树莓派 2 上，但运行速度可能会快很多！

树莓派 2 拥有比旧型号更广泛的软件兼容性，除了推荐的树莓派操作系统以外，树莓派 2 还能运行诸如 Ubuntu 和 Windows 10 IoT Core 操作系统。Windows 10 IoT Core 不能运行在树莓派的旧型号主板上。

1.5　树莓派 3

树莓派 3（见图 1-5）是在旧型号的基础上采用了另一款新处理器——博通 BCM2837。BCM2837 不是 32 位处理器，它是树莓派使用的第一款支持 64 位功能的处理器，它比树莓派 2 中的 BCM2836 快得多。树莓派 3 是树莓派旧版和 Plus 系列的重大升级版，旧版和 Plus 系列都采用 BCM2835 处理器。树莓派 3 也是第一款支持内置无线通信功能的树莓派型号，它能够连接 2.4 GHz Wi-Fi 网络和蓝牙无线设备。

图 1-5　树莓派 3

树莓派 3 与树莓派 2 一样，PCB 布局几乎没有变化：我们可以找到相同的 40 引脚 GPIO 端口、4 个 USB 接口、一个 10/100 Mbit/s 有线网络接口以及所有其他外设接口，这些都与之前的树莓派型号一样。在兼容性方面，唯一不同的是主板与某些外接硬件通信方式略有改变，如果我们不确定外设是否与树莓派 3 兼容，可以在购买前联系制造商或供应商，因为不同版本在软件编写方面有一些改变，这样做才能确保外设可以在树莓派 3 上正常使用。

图 1-3 所示的树莓派 Model B 要比 Model A 贵一些，但这带来了相当多的优

点。在 Model B 板子内部，内存空间增加到了 512 MB，是原来内存空间的两倍；而从外面看起来，它也比廉价板多出了几个额外的接口。对于许多用户来说，Model B 都是很值得购买的。只有那些对轻重量、小尺寸和低能耗有着特殊需求的用户才考虑购买 Model A。

树莓派 3 除了有很多改进的性能和内置无线功能之外，它的另一个主要优势是采用了 64 位处理器。虽然目前很少有软件支持 64 位操作，但采用 64 位处理器运行代码要比旧版树莓派运行 32 位代码有更好的软件兼容性、安全性和其他性能。

1.6　树莓派 Zero

树莓派 Zero（见图 1-6）有两个优势：它非常小巧，也非常便宜。虽然它的大小只相当于几个口香糖堆叠在一起那么大，但它几乎没有缺少其他树莓派型号该有的主要部分。树莓派 Zero 拥有与树莓派 Model B+相同的 BCM2835 片上系统和 512 MB RAM，所以在性能提高方面，它的运行速度更快一些。

图 1-6　树莓派 Zero

但是，使用树莓派 Zero 也需要注意一些问题。与树莓派 A +相比，树莓派 Zero 减少了一些部分。它的单个 micro-USB 接口和 mini-HDMI 接口都需要适配器才能连接标准外设，缺少 3.5 mm 的 AV 插孔，没有 DSI，而 CSI 需要适配器。虽然树莓派 Zero 也有 GPIO 端口，但在使用之前需要购买引脚并将其焊接好才能使用。

如果我们是树莓派的初学者，树莓派 Zero 并不是入门的最佳选择。如果我们有使用树莓派的经验并且希望将树莓派智能应用添加到嵌入式系统项目中，特别是在尺寸、成本和功耗方面有要求的话，那么树莓派 Zero 应该是第一选择。

1.7   背景资料

在进入第 2 章之前，熟悉一下树莓派及其作品的一些背景资料是有必要的。树莓派作为一个通用计算机，可以完成和任何台式计算机、笔记本电脑或服务器同样的任务，尽管性能上会差一些。它被设计为一个**单片机**，旨在供爱好者和教育使用，这和通常意义下的计算机有着很多重要的不同之处。

1.7.1   ARM 与 x86

树莓派系统的核心部分使用的是一个称为博通 BCM283x 系列的片上系统，这是一种多媒体处理器系统。这意味着绝大部分系统组件，包括中央处理单元、图形处理单元以及音频和通信硬件，都可以集成在一块芯片上并放置于主板中央的一块内存芯片的下面。

博通 BCM283x 系列片上系统和我们平常所使用的普通台式计算机或笔记本电脑在处理器的设计工艺上有所不同，同时，它还使用一种不同的指令集架构（Instruction Set Architecture，ISA），即 ARM 架构。

ARM 架构是 Acorn 公司在 20 世纪 80 年代后期开发出来的，它主要使用在移动设备上，而很少用在桌面计算机中。我们的手机都有至少一个基于 ARM 的处理器内核。相比于桌面处理器芯片，它具有高功耗和复杂指令集计算机（Complex Instruction Set Computing，CISC）架构，ARM 芯片的精简指令集（Reduced Instruction Set Computing，RISC）结构简单、功耗低，因而成为移动用户的完美选择。

正是由于使用了基于 ARM 的 BCM283x 系列片上系统，树莓派能够在 micro-USB 接口提供的 5 V 和 1 A 电源驱动下运行。芯片的低功耗使得它即使处理复杂的任务产生的热量也很少，因此用户在树莓派设备上不会找到任何散热片。

然而，这也意味着树莓派与传统的 PC 软件不能很好地兼容。大多数台式计算机和笔记本电脑的软件都是使用 x86 指令集架构的，例如 AMD、Intel 或 VIA 的处理器。而这些基于 x86 架构的软件不能直接运行在基于 ARM 架构的树莓派上。

树莓派 Model A、树莓派 Model B、树莓派 Model A+、树莓派 Model B+和树莓派 Zero 使用相同的 BCM2835 片上系统，计算模块使用 ARM v6 指令集架构设计的 ARM11 处理器。树莓派 2 中的 BCM2836 片上系统使用较新的 ARM v7 指令集架构，使其具有比 BCM2836 片上系统更高的性能并与更广泛的操作系统兼容。最后，树莓派 3 中的 BCM2837 片上系统使用 64 位 ARM v8 架构，在性能提升方面更进一步，同时打开了未来支持 64 位软件的大门。

在台式计算机或笔记本电脑上能找到的大多数软件都是为 x86 编写的，而不是为 ARM 编写的，但这并不意味着限制了用户的选择。稍后在这本书中，我们会发现，有非常多的适用于 ARM v6 指令集的软件，而且随着树莓派的普及，软件的数量还会越来越多。通过阅读本书，即使我们没有任何编程经验，也能学会如何开发和创造你自己的软件。

1.7.2 Windows 与 Linux

除了尺寸和价格外，树莓派和台式计算机或笔记本电脑的另外一个重要的不同点就是操作系统，即控制整台计算机的软件系统。

大多数台式计算机和笔记本电脑使用微软的 Windows 操作系统或苹果的 macOS X 操作系统。这两个平台都是闭源的，在使用过程中有版权限制。

闭源操作系统以封闭源代码闻名，控制系统的源代码是不对外开放的。闭源软件的源代码是绝对保密的。用户能够获得最终的软件产品，但无法知道它是如何编写的。

相比较而言，在树莓派上能够运行一种名为 GUN/Linux 的操作系统，即一种简单的 Linux 系统。和 Windows 或 macOS X 不同，Linux 是开源的，我们可以下载整个操作系统的源代码并且可以做任何修改。Linux 操作系统没有任何隐藏，所有代码上的变更都是公开的。这种开源机制使得 Linux 可以很快被移植到树莓派上。在作者编写这本书的时候，已经有好几个 Linux 系统的发行版本移植到树莓派的 BCM2835 芯片上了，包括 Raspbian 和 Arch Linux。

不同的 Linux 发行版本适合于不同的需求，但是它们都是开源的，也是相互兼容的：Debian 上的软件可以很好地运行在 Arch Linux 上，反之亦然。

Linux 操作系统不是树莓派上所独有的。几百种不同的发行版本可以在台式计算机、笔记本电脑以及众多的移动设备中运行，例如 Google 的 Android 操作系统就是基于 Linux 内核的。如果你喜欢在树莓派上使用 Linux 操作系统，那么你同样会喜欢在其他计算机设备上使用它。Linux 操作系统与我们当前运行的操作系统欣然共存，当树莓派无法使用时，它将给你一个熟悉的 Linux 环境，让你去享受极大的便利。

如同 ARM 架构和 x86 架构的不同，Windows、macOS X 与 Linux 也有一个非常不一样的地方：为 Windows 或 macOS X 编写的程序不能在 Linux 上运行。所幸，对于绝大多数常用的软件产品，在 Linux 上都有很多可供选择的替代软件。更重要的是，这些软件中的大部分是可以自由使用的开源软件，而且可以安装在 Windows 和 macOS X 上面，这可以使用户在 3 个平台上获得同样的体验。

第2章
树莓派入门

现在你对树莓派和其他计算机设备的不同之处有了一个基本的了解，算是入门了。如果你已经有树莓派了，在开始本章之前，请将它从保护薄膜中取出来，并放在一个绝缘的平台上。

要使用树莓派，你还需要一些额外的外部设备：一台能使你看到自己做了什么的显示器，一套能进行输入操作的键盘和鼠标。在本章中，你会了解到如何将这些设备和树莓派连接，以及如何使树莓派 Model B 连上网络。你还能了解如何为树莓派下载并安装操作系统。

你的行程可能有变

本书中的信息和指导能够为你提供所需的全部内容，让你启动并运行树莓派并尽可能地发挥它的能力。但你也需要清楚，树莓派上的软件更新非常频繁，这可能导致你在屏幕上看到的图片与本书中的有些许不同。

2.1 连接显示器

在使用树莓派之前，你需要将它连接到一个显示器上。树莓派支持 3 种视频输出格式：复合视频、HDMI 视频和 DSI 视频。终端用户可以直接使用复合视频和 HDMI 视频，本章接下来会介绍这些接口，而 DSI 视频还需要一些专门的硬件设备，例如树莓派触摸屏显示（参见第 16 章）。

2.1.1 复合视频

复合视频以前可以通过旧版树莓派型号顶部的黄色和银色端口（称为 RCA 音

频连接器）提供，可从大多数主板底部的 3.5 mm 的 AV 插孔获得（见图 2-1）。复合视频可以将树莓派连接到较老的显示设备上。就如字面含义那样，复合视频接口提供的是由红绿蓝组合而成的复合色彩信号，通过一根视频线传送到显示设备上，这些显示设备通常是较老的阴极射线管（Cathode-Ray tube，CRT）显示设备。

图 2-1   树莓派 3 的多功能 AV 插孔

当没有其他显示设备可用的时候，复合视频也许能帮你一把，尽管它的显示画质不怎么好。复合视频连接很容易受到信号干扰，而且受分辨率的限制，画面不会那么清晰，也就是说你的屏幕上显示不了很多图标和文本行。

要使用复合视频输出，你需要 AV 适配器电缆。这些电缆可以从非常便宜的电子插座上获得，插孔输出分成 3 个 RCA 插孔：黄色插孔提供复合视频连接，红色和白色插孔提供两个立体声音频输出通道。你只需将适配器电缆插入 AV 插孔，然后在适配器电缆插孔与显示器或其他显示设备的插孔之间连接 RCA 电缆即可。

树莓派 Zero 没有 3.5 mm 的 AV 插孔，你可以将复合视频电缆焊接到标有显示器的主板顶部的两个孔中。这里需要注意，树莓派 Zero 与其他大型树莓派型号的 AV 插孔不同，它的信号不包括模拟音频信号。

2.1.2   HDMI 视频

HDMI 接口可用于传输高质量图像，它位于树莓派主板底部（见图 2-2）。与复合视频端口不同，HDMI 接口可以为计算机显示器或高清电视机提供一个高速的数字通信连接。通过 HDMI 接口，树莓派可以在大多数高清电视机上显示 1920

像素×1080 像素的全高清分辨率图像。使用这种分辨率，可以提供更多的画面细节。

图 2-2　高清视屏输出的银色 HDMI 接口

　　如果希望让树莓派使用计算机显示器，你会发现显示器可能没有 HDMI 接口。不过这不是问题，HDMI 信号可以方便地转换成计算机显示器需要的 DVI 信号。通过购买 HDMI-DVI 转换头，你可以轻松地将树莓派的 HDMI 接口连接到一个带有 DVI-D 接口的显示器上。

　　如果你的显示器有 VGA 接口（15 针的 D 形接口，通常是银色或蓝色的），树莓派是不能直接连接的。如果你要用这种显示器，你需要买一根**转接线**将 HDMI 信号转成 VGA，并且最好是与树莓派兼容的。只要把转接线一端连接到树莓派的 HDMI 接口上，另一端就可以连接 VGA 显示器的传输线了。

　　树莓派 Zero 在树莓派系列中是独一无二的，它具有 mini-HDMI 接口，而不是常见的全尺寸连接器接口。要在树莓派 Zero 上使用 HDMI 输出，请购买 mini-HDMI 转 HDMI 适配器或 mini-HDMI 转 HDMI 转接线，确保你购买的任何适配器或电缆要适用于 mini-HDMI 接口，较小的 micro-HDMI 适配器是不适合的。

2.1.3　DSI 视频

　　树莓派上的最终视频输出位于主板顶部的微安全数字（micro-SD）卡插槽上方，它是一个带塑料层保护的排线连接器。这就是我们所熟知的**视频标准接口**（Display Serial Interface，DSI），通常用在平板电脑和智能手机上。树莓派上 DSI 常见的用途是连接树莓派触摸屏显示器，如第 16 章所介绍的内容。树莓派 Zero 不包含 DSI 连接器，不能用于 DSI 专用显示器，例如树莓派触摸屏显示器。

2.2 连接音频设备

如果你使用的是 HDMI 接口，音频的使用就很简单了，通过正确的配置，HDMI 接口可以同时传输视频信号和音频信号。这样你就能通过一根简单的连线连接到显示设备，同时获得声音和图像了。

如果你要把树莓派连接到标准的 HDMI 显示器上，那么需要做的事就很少了。现在，你只要轻轻地连上 HDMI 线就可以了。

如果你是通过适配器连接树莓派和 DVI-D 显示器的话，音频是不包括在内的。HDMI 和 DVI 最主要的区别是：HDMI 能够传输音频信号，DVI 却不能。

对于那些带有 DVI-D 显示器或使用复合视频输出的设备，多功能 3.5 mm 的 AV 插孔位于主板的底部（如图 2-1 所示）。它与消费类音频设备上用于耳机和麦克风的连接器相同，而且连接方式也完全相同，多功能 3.5 mm 的 AV 插孔为复合视频输出提供了额外的连接接口。如果需要，你只需将一对耳机连接到此接口就可以快速地获取音频信号。如果你想长时间地使用树莓派，可以考虑使用带 3.5 mm 接口的标准 PC 音箱，或购买一些适配器电缆线。

提示	虽然耳机能直接连接到树莓派上，但你可能会发现声音有点小。如果有可能，可以将一对有源音箱作为代替品。有源音箱内部的放大器有助于提高声音的信号水平，许多有源扬声器还提供了物理音量控制。

如果要将树莓派连接到扬声器或立体声系统上，则需要使用 3.5 mm 转 RCA 的音频连接线或使用一条 3.5 mm 转 3.5 mm 的音频连接线，具体使用哪种取决于系统上要连接的设备。这两种音频线都很容易在电子类商店中以便宜的价格买到，或者你也可以从亚马逊网站等在线零售商那里以更低的价格购买到。

2.3 连接键盘和鼠标

现在你已经安装好了树莓派的输出设备，该考虑输入设备了。作为一个最简单的系统，你还需要一个键盘，对于大多数用户而言，鼠标或轨迹球也是需要的。

首先，一个不太好的消息是：如果你的键盘或鼠标是 PS/2 接口（有一组马蹄形的插针阵列的圆形插头），那么你得重新购买一个替代品。老式的 PS/2 键盘或鼠标已经被淘汰了，你应该使用一个 USB 接口来连接到树莓派上。你还有另一个选择，买一个 USB 转 PS/2 的适配器，但是对于一些过于老旧的键盘可能不太管用。

根据你购买的树莓派的型号，树莓派右侧会有一个、两个或者 4 个 USB 接口（见图 2-3）。如果你用的是 Model B、Model B+、树莓派 2 或树莓派 3，可以直接将鼠标和键盘同时连接在 USB 接口上。如果你用的是树莓派 Model A 或 Model A+，需要购买一个外部 **USB 集线器**来同时连接两个 USB 设备，或者用一个带有轨迹板（trackpad）的键盘，或使用带有统一 USB 接收器的无线键盘和鼠标。

图 2-3 树莓派 3 的 USB 接口

树莓派 Zero 没有全尺寸的 USB 接口。相反，它使用 micro-USB 接口来连接电源线等具有相同微型 USB 接口的外设。这两种 USB 接口都位于主板的右下方：电源输入口在右侧，标记为 PWR In，USB 接口位于左侧，标记为 USB。如果要将全尺寸 USB 设备连接到此接口，你需要一个 micro-USB 转 USB 适配器，也称为 USB On-The-Go（OTG）适配器。它会将 micro-USB 接口转换为全尺寸等效 USB 接口，之后就可以作为树莓派 Model A 或 Model A+上的单个 USB 接口使用了。

USB 集线器对于任何树莓派用户来说都是值得购买的，即使你使用的是 Model B、Model B+、树莓派 2 或树莓派 3。你也可以在添加其他设备（如外接光驱、存储设备或操纵杆）时快速扩充 USB 接口。请务必购买一个供电型 USB 集线器，虽然非供电型集线器更加便宜小巧，但是无法驱动诸如 CD 光驱、外置硬盘等需要足够电量的设备。供电型集线器还能使树莓派支持原本无法支持的 USB 设备，有的设备使用树莓派自带的 USB 接口也许无法正常工作，但连到高质量的供电型集线器上就可以使用了。

提示	如果你想减少电源插座的使用数量，可以将树莓派的 USB 供电接口连接到供电型 USB 集线器上。在这种工作模式下，树莓派可以直接从集线器获取电能，而不需要专门的插座和电源适配器。这仅适用于能够为树莓派 USB 接口提供至少 1 A 的电源集线器，对于一些便宜的集线器可能提供不了这么大的电流，也无法为其他外部设备进行供电。

连接键盘和鼠标非常简单，只需通过 USB 集线器将它们直接插入 USB 接口即可，或者使用树莓派 Zero 的 USB OTG 适配器。将设备连接到哪个 USB 接口都可以，因为所有接口都是以相同的方式连接到树莓派处理器上的。

树莓派 3 提供了另一种连接键盘和鼠标的方法——无线蓝牙连接方式。这种无线连接方式可以使你的桌面更干净，因为没有很多电缆铺在桌面上，并且可以释放很多 USB 接口。但是，在配置蓝牙键盘和鼠标之前，你需要使用有线 USB 键盘和鼠标进行配置才可以使用蓝牙键盘和鼠标。当你要连接并使用这些外设，还要安装并运行操作系统时，请参见 2.9 节内容。没有蓝牙支持的型号可以根据需要通过 USB 蓝牙适配器使用相同的设备。

关于存储

你可能已经注意到了，树莓派并没有传统意义上的硬盘驱动器。取而代之的是 micro-SD，这是一种固态存储系统，通常用于数码相机、平板电脑和智能手机。尽管任何一张 SD 卡都可以用在树莓派上，但考虑到操作系统的大小，你需要一张至少 8 GB 容量的 SD 卡以便能存得下必需的文件内容。

已经预装了操作系统的 SD 卡在树莓派的官方商城以及众多其他站点都有销售。如果你已经单独购买或者和树莓派配套购买了这种预装的 SD 卡，那么，你只需将其插入 micro-SD 卡插槽即可使用。

2.4 在 SD 卡上安装 NOOBS

树莓派基金会开发了一种称为**新版开箱即用软件**（**New Out-Of-Box Software，NOOBS**）的工具。制作这个工具的目的是使初次使用树莓派尽可能简单。它已预装在了购买树莓派时配套赠送的 micro-SD 卡中，并且可以单独免费下载。这个工具提供了一个为树莓派安装不同操作系统的选项，以及一些用来改变软硬件配置的小工具。

如果你已购买了预装 NOOBS 的 micro-SD 卡，那么这一步你什么也不用做。否则，你需要从树莓派基金会的网站上下载最新版的 NOOBS。注意，这个文件非常大，下载可能需要花很长时间。如果你的网速较差，可能无法下载这个文件。如果真是如此，还是去树莓派零售店里买张预装了 NOOBS 的 micro-SD 卡吧。

要在空白的 micro-SD 卡上安装 NOOBS，为保证你在使用树莓派时还能有足够的内存空间安装其他软件，micro-SD 卡至少要有 8 GB 的容量。你还需要一台带有 micro-SD 读卡器的计算机，可以是笔记本电脑上内置的卡槽，或者是全尺寸 SD 卡读卡器和 micro-SD 适配器外壳。首先，把 micro-SD 卡插入读卡器。如果你的 micro-SD 卡曾经在别的设备上使用过，例如数码相机或者游戏机，那么请到树莓派官网去下载一个 micro-SD 卡的格式化工具，然后用它来格式化 micro-SD 卡，为安装做好准备。如果 micro-SD 卡是新的，那么你可以安全地跳过这一步。

下载得到的 NOOBS 是一个 **zip 格式**的压缩包，这是一种压缩文件的格式，文件的数据是**被压缩的**，使得文件体积变小，可以更快被下载。这种格式的文件，在大多数操作系统中双击就可以打开。如果不行，就下载一个解压缩的工具（如 **7-Zip**），再试一试。

打开文件之后，用解压缩工具把里面的文件全部提取到 SD 卡中（见图 2-4）。由于文件数量多、体积大，全部提取完成需要花点时间，还请耐心等待。等到提取完成，磁盘活动指示灯不再闪烁了（如果有的话），就可以从操作系统弹出 micro-SD 卡并插入树莓派的卡槽。

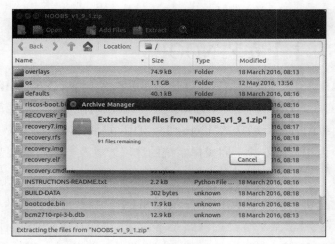

图 2-4　将 NOOBS 提取到 SD 卡中

2.5　连接外部存储设备

当树莓派使用 micro-SD 卡作为主存储设备（称为启动设备）时，你可能会发现存储空间很有限。尽管也有很多大容量的 micro-SD 卡，例如 256 GB 等，但通常它们都很昂贵。

幸运的是，通过 USB 接口，我们可以使用一些设备来为计算机提供外置硬盘存储。这些设备称为 **USB 大容量存储设备**（**USB Mass Storage，UMS**），如机械硬盘、固态硬盘（SSD），甚至是便携式袖珍闪存（见图 2-5）。

图 2-5　两种 USB 大容量存储设备：U 盘和移动硬盘

树莓派支持主流的 USB 大容量存储设备，为了保证树莓派能够读取这些设备，这些设备需要挂载到系统上（你将在第 3 章中学习到这些内容）。现在，可以简单认为这些设备已经连接到树莓派上了。

2.6　网络连接

　　尽管对于所有树莓派型号，大多数安装操作都是一样的，但连接网络是个例外。为了保持器件的数量，同时也为了控制成本，树莓派 Model A、Model A+和树莓派 Zero 没有板载网络设备。但这并不表示树莓派不能连接网络，你只需要增加一些额外的设备就可以了。

树莓派 Model A、Model A+和树莓派 Zero 的网络连接

为了让树莓派 Model A、Model A+和树莓派 Zero 有相同的网络连接功能，你需要一个 USB 接口的以太网适配器或便携式 Wi-Fi 适配器（Wi-Fi dongle）。将树莓派或集线器的空闲 USB 接口与适配器连接在一起，并将一个 RJ-45 连接器或无线电连接到无线 Wi-Fi 网络的有线以太网连接。

10/100 USB 以太网适配器（其数字指的是其双速模式，10 Mbit/s 和 100 Mbit/s）可以从在网上以很便宜的价格购买到。购买以太网适配器时，一定要检查该设备是否支持 Linux 操作系统。有的型号只支持微软 Windows，不能和树莓派兼容。

不要试图去使用一个千兆级（吉比特级）的适配器，该适配器被称为 10/100/1 000 USB 以太网适配器。树莓派上的标准 USB 接口还不能处理千兆以太网（吉比特以太网）连接的速度，你也无法从更昂贵的适配器中获益。

2.6.1　有线网络

　　为了使树莓派能够使用网络，需要将 RJ45 接口连接到交换机、路由器或集线器上。如果没有路由器或集线器，可以使用双绞线将树莓派直接连接到笔记本电脑或台式计算机上。

　　通常连接两个网络客户端需要特殊的线缆，即我们所熟知的交叉线缆。交叉线缆中发送端和接收端是成对互换的，因此两个终端设备间通常是无法直连通信的，必须经过网络交换机和集线器进行处理。

不过树莓派更加智能，树莓派的 RJ45 接口（见图 2-6）支持自动检测功能（auto-MDI），接口会自动重新调整配置。于是，你可以使用任何 RJ45 的线缆连接树莓派到网络，无论是交叉线缆还是直通线缆，树莓派都会进行自适应调整的。

图 2-6　树莓派 3 上的以太网接口

提示　如果树莓派是直接连接到台式计算机或笔记本电脑上的，在默认配置情况下是无法使用网络的。为了可以使用网络，需要将计算机的无线连接配置成桥接模式。这不在本书的讨论范围内，但如果你无法以任何其他方式将树莓派连接到网络，则可以尝试在操作系统的帮助文件中搜索"桥接网络"（bridge network）以获得帮助。

在电缆连接好的情况下，当它需要访问互联网时，通过**动态主机配置协议**（Dynamic Host Configuration Protocol，DHCP），树莓派将会自动收到详细信息，并加载到系统上。它可以给树莓派分配 IP（Internet Protocol）地址和网关地址（通常是路由器或调制解调器的 IP 地址）。

有些网络可能没有 DHCP 服务器，因此无法自动为树莓派提供 IP 地址。当连接到这样的网络时，需要手动配置树莓派。在第 5 章中，你将了解到更多相关操作。

2.6.2　无线网络

树莓派 3 是目前（截至本书写作时期）唯一一款集成 Wi-Fi 网络支持的型号，

但与添加有线以太网一样，使用 USB 无线适配器可以为任何树莓派添加 Wi-Fi 网络功能（见图 2-7）。

图 2-7　带有 Wi-Fi 适配器的树莓派 Zero（右）和 mini-HDMI 转 HDMI 适配器（左）

使用这样的适配器装置，树莓派可以连接到无线网络，包括最新的 802.11ac 标准。在购买 USB 无线适配器之前，请检查以下内容。

■ 确保设备支持 Linux 操作系统。一些无线适配器仅适用于 Windows 和 macOS X，因此无法在树莓派上使用。树莓派可以使用的 Wi-Fi 适配器列表可以在 elinux 网站上找到。

■ 确保 Wi-Fi 网络类型支持 USB 无线适配器。网络类型在规范中列为数字后跟字母。例如，如果你的网络类型是 802.11a，那么 802.11g 无线适配器将无法工作。

■ 检查网卡支持的频率。一些无线网络标准，例如 802.11a，支持一个以上的频率。如果 USB 无线适配器被设计为工作在 2.4 GHz 网络，它就不能连接到 5 GHz 的网络上。

■ 检查你的无线网络中使用的加密类型。大多数现代 USB 无线适配器支持各种形式的加密，但如果你购买的是二手的或老型号的适配器，可能会发现无法连接到网络中。常见加密类型包括传统的 WEP 类型以及更加先进的 WPA 和 WPA2 类型。

在 Linux 中，无线网络的配置是已经完成的，你只需将适配器连接到树莓派上就可以了（建议通过一个有源的 USB 集线器）。在第 5 章中，你将学习到如何配置这些连接。

2.7   连接电源

树莓派通过主板左下侧的 micro-USB 连接器供电，该连接器和很多智能手机或平板设备的电源连接器一样。

许多专门为智能手机设计的充电器同样适用于树莓派，但也不是全部。树莓派比大多数 USB 设备更耗电，例如，树莓派 3 运行时需要高达 2 A 的电流。一些充电器只能提供 500 mA 的电流，可能会在运行过程中导致间歇性间断的问题（参见第 4 章）。

可以将树莓派连接到台式计算机或笔记本电脑的 USB 接口上，但不推荐这样做。因为计算机上的这些小型的 USB 充电接口无法提供树莓派正常工作所需要的电力。只有当你准备开始使用树莓派时，再去连接 micro-USB 电源适配器，因为设备上没有电源开关按钮，只要一连上电源，设备就会立即启动。

要安全关机，请在树莓派的终端输入关机命令：

```
sudo shutdown -h now
```

关于终端使用的更多内容，请参见第 3 章内容。

如果你已经准备好或者已经购买了带有 NOOBS 工具的 SD 卡，如本章前面所述，那么树莓派会载入这个工具并等待你的操作。如果你把空白的 SD 卡插入树莓派就上电了，那么你只会看到黑屏。如果是那样，请切断电源，拔出 SD 卡，然后照着下面的步骤操作吧。

2.8   安装操作系统

如果在购买树莓派时，附赠了一张预装操作系统的 micro-SD 卡，或者你已按照本章前面所讲的步骤安装了 NOOBS，那么直接把 micro-SD 卡插入树莓派的卡槽就可以了。如果你只买了一块树莓派主板，那么在使用之前你需要在 micro-SD 卡上安装一个操作系统。

2.8.1　使用 NOOBS 安装

如果你的 SD 卡上已安装好了 NOOBS（或购买了预先安装了 NOOBS 的 micro-SD 卡），那么开启树莓派，你会看到这样一个菜单（见图 2-8）。菜单列出了树莓派所支持的操作系统列表，你可以选择其中的任何一个（或多个）操作系统进行安装。单击屏幕底端的箭头，然后选择界面语言，继续单击箭头，选择键盘布局。

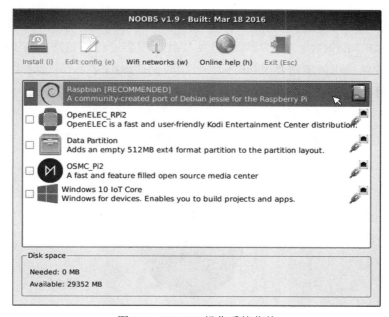

图 2-8　NOOBS 操作系统菜单

如果这是你第一次在 micro-SD 卡上运行 NOOBS，可能需要等待较长的时间，因为 micro-SD 卡的第一个分区需要重新调整大小，以留出足够空间安装操作系统。在此期间不要拔掉树莓派的电源，否则可能会对你的 SD 卡造成损坏。

提示　如果屏幕一直黑屏，但树莓派的 ACT 和 PWR 指示灯却是亮着的，你可能需要切换显示模式。在键盘上按"1"可以切换到标准的 HDMI 模式，按"2"可以切换到低分辨率的安全模式；如果你正在使用复合视频接口，按"3"可以切换到 PAL 制式，按"4"可以切换到 NTSC 制式。如果你不确定应该选哪种模式，可以全部试一遍，直到调到合适的模式为止。操作系统会自动记住你选择的显示模式。

使用键盘或鼠标浏览操作系统列表，然后单击选中列表图标左侧的小方框以标记其已安装。如果 micro-SD 卡的内存空间足够大，你可以在上面安装多个操作系统，只要在列表中同时选中两个以上操作系统就可以了。对于初学者而言，我们推荐使用 Raspbian 操作系统。本书后续的内容都将以 Raspbian 为主来介绍，不过你所学到的这些，绝大多数是基于 Linux 操作系统的，在树莓派或其他设备上，基本都是适用的。

单击菜单左上角的"Install"按钮，会弹出一个对话框，询问你是否确认要覆写 micro-SD 卡的内容。确认后即可开始安装。安装过程还包括安装 NOOBS 自身，整个安装过程可能需要很长时间。这段时间请耐心等待，顺便看看进度条和上方的幻灯片介绍（见图 2-9），记住在完成前不要拔掉电源线或 SD 卡。系统安装完毕后，单击"OK"按钮重启，就会载入你所选择的操作系统。

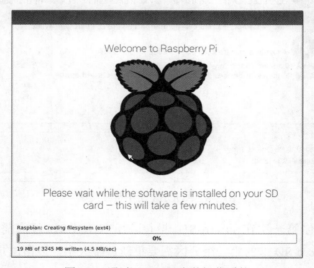

图 2-9   通过 NOOBS 安装操作系统

如果你安装了不止一个操作系统，启动时 NOOBS 会显示一个菜单，询问要进入哪一个系统。如果超过 10 s 没有做出选择，那么 NOOBS 会启动你最后一次选过的操作系统。如果你之前还没从这张 SD 卡上启动过操作系统，NOOBS 会停在这里直到你做出选择为止。

如果在安装完操作系统之后还想进入 NOOBS 做更多的操作，例如再安装一个不同的操作系统或者修改树莓派的一些设置，请参见第 7 章。

2.8.2 手动安装

手动安装操作系统比使用 NOOBS 工具安装要更复杂一些，不过可定制性也会更强一些。通过手动安装（比如**闪存刻录**的方式），你可以选择一些不包含在 NOOBS 列表中的，或比列表中的版本更新的操作系统来安装。

首先，你需要决定在树莓派上使用哪种发行版本的 Linux，每种版本各有优缺点。你不需要为以后想要尝试不同版本的 Linux 而担心，SD 存储卡上可以非常方便地重新刻录一个新操作系统。你也可以准备多张 SD 卡，为每张 SD 卡装上不同的操作系统。

最新的适合于树莓派的 Linux 发行版本可以从树莓派的官方网站上获得。

树莓派基金会为各个发行版都提供 BT 链接（BT，即 BitTorrent，是一种下载软件），在 BT 下载模式下，这些发行版实际上是由一个个小文件构成的，用户通过 BT 软件从其他用户那里下载不同的小文件。通过这种方式可以避免树莓派基金会的服务器过载，并且对于大文件的共享更加有效快捷。

为了使用 BT 链接，你必须安装合适的 **BT 客户端**软件。如果你还没有安装，在下载树莓派 Linux 发行版前下载并安装一个客户端即可。例如，μTorrent 是一种适用于 Windows、macOS X 和 Linux 操作系统的 BT 客户端软件。

你可以自己决定使用哪个 Linux 发行版。本书的后续部分将以树莓派 Raspbian 为例，Raspbian 对于初学者是比较好的选择。如果可能，我们也将给出其他发行版的说明。

为了更快地下载，我们还提供了压缩过的树莓派 Linux **镜像文件**。如果下载了某一 Linux 发行版的 Zip 压缩包，你需要在系统上解压缩。对于大多数操作系统而言，你只需要简单地双击鼠标就可以打开里面的内容，然后选择提取或解压。

当完成解压后，你将得到两个独立的文件，以.shal 结尾的文件是一个**校验文件**，可以通过它来判断下载的文件是否完整；以.img 结尾的文件就是安装树莓派操作系统所需要的 Linux 系统镜像文件，该文件需要被刻录到 SD 卡上。

警告 在下面的步骤里，你将用到一个叫作 **dd** 的软件工具。如果使用错误，它将把.img 文件写到计算机的硬盘并且删除你原来的操作系统和所有的存储数据。因此，请认真阅读每个步骤的操作提示并且牢记你的 SD 卡路径。请阅读两次再进行相关操作！

1. Linux 环境下的安装

如果你的计算机使用的是 Linux 操作系统，可以使用 dd 命令将镜像文件写到 SD 卡中。我们使用的是命令行的操作方式，即我们熟知的 Linux 终端。请按照下面步骤，将镜像文件写到 SD 卡中。

（1）在系统应用程序菜单中打开终端界面。

（2）通过读卡器将 SD 卡连接到计算机上。

（3）通过命令 **sudo fdisk - l** 查看磁盘列表。根据容量大小找到 SD 卡，记住磁盘的地址（/dev/sd*X*，*X* 是用来标识存储设备的盘符。一些带有内置读卡器的系统可能是使用形如/dev/mmcblk*X* 的地址，如果是这样，在后面的操作中就要注意改变相应的目标地址）。

（4）通过 cd 命令进入.img 文件所在的文件夹。

（5）使用命令 **sudo dd if=imagefilename.img of=/dev/sd*X* bs=2M** 将文件 imagefilename.img 通过第 3 步的磁盘地址写到 SD 卡中。用实际的镜像文件名代替上面的 imagefilename.img。这个步骤需要一些时间，请耐心等待！在整个安装过程中，屏幕将不会有任何指示（见图 2-10）。

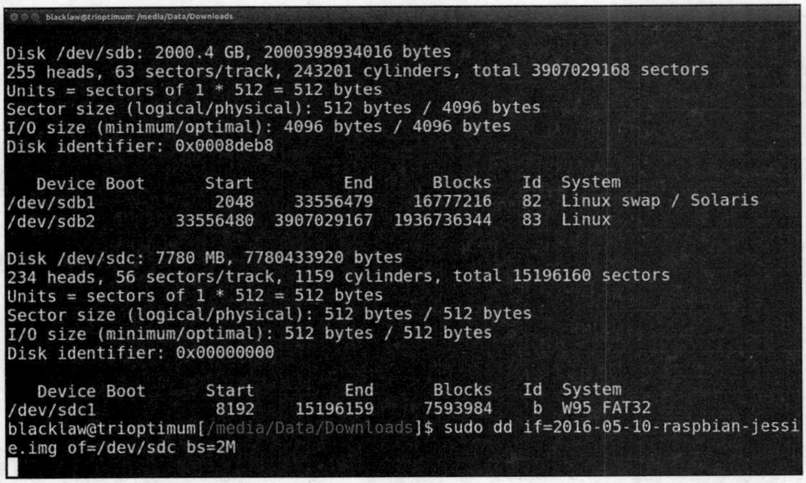

```
○ ○ ○   blacklaw@trioptimum: /media/Data/Downloads

Disk /dev/sdb: 2000.4 GB, 2000398934016 bytes
255 heads, 63 sectors/track, 243201 cylinders, total 3907029168 sectors
Units = sectors of 1 * 512 = 512 bytes
Sector size (logical/physical): 512 bytes / 4096 bytes
I/O size (minimum/optimal): 4096 bytes / 4096 bytes
Disk identifier: 0x0008deb8

   Device Boot      Start         End      Blocks   Id  System
/dev/sdb1            2048    33556479    16777216   82  Linux swap / Solaris
/dev/sdb2        33556480  3907029167  1936736344   83  Linux

Disk /dev/sdc: 7780 MB, 7780433920 bytes
234 heads, 56 sectors/track, 1159 cylinders, total 15196160 sectors
Units = sectors of 1 * 512 = 512 bytes
Sector size (logical/physical): 512 bytes / 512 bytes
I/O size (minimum/optimal): 512 bytes / 512 bytes
Disk identifier: 0x00000000

   Device Boot      Start         End      Blocks   Id  System
/dev/sdc1            8192    15196159     7593984    b  W95 FAT32
blacklaw@trioptimum[/media/Data/Downloads]$ sudo dd if=2016-05-10-raspbian-jessi
e.img of=/dev/sdc bs=2M
```

图 2-10　Linux 环境下 dd 命令的使用

2. macOS X 环境下的安装

如果你使用的是运行 macOS X 操作系统的 Mac 计算机，安装步骤和在 Linux

操作系统下一样简单。由于和 Linux 同源，macOS X 也有 **dd** 命令，通过它根据下面步骤，你可以将系统镜像文件写入到 SD 卡中。

（1）在系统应用程序菜单中打开终端界面。

（2）通过读卡器将 SD 卡连接到计算机上。

（3）通过命令 **diskutil list** 查看磁盘列表。根据容量大小找到 SD 卡，记住磁盘的地址（/dev/disk$X$，X 是用来标识存储设备的盘符）。

（4）如果 SD 卡已经自动装载并显示在桌面上，在进行下面操作前使用命令 **diskutil unmountdisk /dev/disk$X$** 卸载它。

（5）通过 cd 命令进入 .img 文件所在的文件夹。

（6）使用命令 **dd if=imagefilename.img of=/dev/disk$X$ bs=2m** 将文件 imagefilename.img 通过第 3 步的磁盘地址写到 SD 卡中。用实际的镜像文件名代替上面的 imagefilename.img。这个步骤需要一些时间，请耐心等待！

3. Windows 环境下的安装

如果你使用的是 Windows 系统，情况比 Linux 或 macOS X 稍微复杂一些。Windows 没有自带的类似 dd 的工具，所以需要使用第三方工具将镜像文件写到 SD 卡中去。虽然可以安装 Windows 版本的 dd 工具，但是你可以选择更加简单的工具：Image Writer for Windows，它适用于 Windows 的 Image Writer。它是专门为将 Linux 发行版本的镜像文件写到 USB 或 SD 存储设备中而设计的，而且提供图形化操作界面，可以方便地制作树莓派 SD 卡。

最新版本的 Image Writer for Windows 可以在网络中获得。请按照以下操作步骤安装和使用 Image Writer for Windows 软件。

（1）单击"Download"按钮下载 Image Writer for Windows 的 zip 压缩文件并解压。

（2）通过读卡器将 SD 卡连接到计算机上。

（3）双击 Win32DiskImager.exe 文件打开程序，点击蓝色图标，会弹出一个文件浏览对话框。

（4）在对话框中选中之前解压的 imagefilename.img 文件，单击"Open"

按钮。

（5）从下拉列表中选择 SD 卡的盘符，如果不确定，打开"计算机"或是在资源管理器中进行确认。

（6）单击"Write"按钮将镜像文件写入 SD 卡中。这个步骤需要一些时间，请耐心等待！

> **警告**　无论你使用哪种操作系统，都必须确保镜像文件完全写入到 SD 卡里，否则树莓派将无法从 SD 卡启动。如果发生这种情况，请重新写入系统。当 SD 卡完成写入后，将 SD 卡从计算机中卸载并插到树莓派主板上的 SD 卡槽里。插入 SD 卡时，SD 卡带标签的一面朝外，并将 SD 卡完全推入卡槽以确保接触良好。

2.9   连接蓝牙设备

树莓派 3 除了集成 Wi-Fi 网络外，还包括蓝牙无线通信功能，可以连接无线蓝牙键盘、蓝牙鼠标、轨迹球和轨迹板。这些无线输入设备通常用于平板电脑，这样就可以释放更多的树莓派 USB 接口，减少有线电缆的使用，使你的办公桌更干净。但采用无线连接方式连接外设也会带来一些问题，例如输入延迟（按键响应时间慢）以及需要不定时地更换电池或给电池充电。

虽然树莓派 3 是树莓派系列中唯一一个自身带有蓝牙功能的型号，但其他型号的树莓派可以通过将 USB 蓝牙适配器连接到树莓派 USB 接口上来获得相同的功能。与购买 Wi-Fi 适配器一样，在使用此功能前，请确保所选的蓝牙适配器适用于树莓派并且其驱动程序适用于 Linux 操作系统。

树莓派 3 要连接蓝牙设备，你需要先借助现有的 USB 键盘和鼠标进行菜单配置。如果你使用的不是 Raspbian 操作系统，请按照其操作系统附带的说明进行操作，如果你使用的是 Raspbian 操作系统，请按照以下说明进行配置。

按照设备文档说明，通常需要按住按钮或按键来打开蓝牙设备并激活配对模式。在设备处于配对模式时，单击 Raspbian 任务栏上的蓝牙图标，图标在靠近屏幕右边缘的时钟图标旁边，然后单击添加设备。这将启动 Add New Device 菜单（如图 2-11

所示)。在列表中找到你选择的设备，然后单击"配对"（Pair）。之后，树莓派将启动配对程序，不同设备启动不同配对程序，你只需按照屏幕上的说明将两个设备配对即可。

图 2-11　树莓派 3 与蓝牙设备配对

　　除了键盘和其他输入设备，你还可以将蓝牙耳机和扬声器连接到树莓派上。按照配对过程，单击任务栏中的扬声器图标，然后单击配对的蓝牙音频设备以更改输出设备。需要注意的是，在编写本书时，并非树莓派上所有软件都支持蓝牙音频输出。

第 **3** 章
Linux 系统管理

大多数现代的 Linux 发行版，都拥有友好的**图形用户界面**（Graphical User Interface，GUI），它提供了一个简单的方式来执行常见任务。然而，Linux 的用户界面和 Windows 以及 macOS X 是完全不同的，所以如果用户希望高效地使用树莓派，就需要对 Linux 操作系统有一个基本的掌握。

3.1 Linux 系统简介

正如在第 1 章中所介绍的那样，Linux 是一个开源项目，该项目最初成立的目标是提供一个任何人都可以免费使用的**内核**。内核是操作系统的心脏，处理用户与硬件之间的通信。

虽然仅仅内核本身才能称为 Linux，但该术语通常用来指代由种类繁多的公司项目所构成的不同开源项目的集合。这些集合在一起，形成了不同**流派**的 Linux 系统，它们又被称为**发行版**。

最初的 Linux 版本所集成的工具集是由 GNU 组织提供的，它们构成了我们熟知的 GNU/Linux，这是一个非常基础而且功能强大的操作系统。与其他操作系统不同，它提供多用户操作，即多个用户可以共享同一台计算机的账户。而采取封闭源代码的操作系统也可以仿效这种机制，如 Windows 和 macOS X 系统现在也支持在同一系统上的多个用户账户。在 Linux 系统中，多用户机制可以为操作系统提供更好的安全保障。

在 Linux 操作系统中，用户大部分的时间使用的是一个**受限账户**。这并不意味着限制你能做什么，相反，它可以防止你在树莓派上做一些意外的事情。通过锁定对关键系统文件和目录的访问，也能防止**病毒**（viruse）或其他**恶意软件**（malware）感染破坏 Linux 操作系统。

　　在开始学习 Linux 操作系统的基本概念之前，熟悉系统中使用的一些常见术语和概念是很有价值的（见表 3-1）。即使你有其他操作系统的经验，在开始之前看一下这个表也是非常有意义的。

表 3-1　Linux 术语表

术语/概念	定　义
Bash	大多数 Linux 发行版本使用的 Shell
Bootloader	用来引导 Linux 内核的程序，如常见的 GRUB
控制台	终端界面，使用树莓派时首先看到的界面
桌面环境	使用的 GUI，常见的有 GNOME 和 KDE
目录	Linux 用于存储文件的地方，在 Windows 中叫**文件夹**
发行版	指 Linux 的某个特定版本，如 Pidora、Arch、Raspbian
可执行	一个文件在 Linux 上一定要标记为可执行的，才可以作为程序运行
EXT2/3/4	扩展（EXTended）文件系统，Linux 上最常用的文件系统
文件系统	指文件在存储设备中格式化存储的方式
GNOME	最常见的一种 Linux 桌面环境
GNU	一个开源软件项目，提供了 Linux 上的大多数工具软件
GRUB	GRand Unified Bootloader，由 GNU 开发的引导 Linux 内核的工具
GUI	图形用户界面，使用户通过鼠标或触控操作计算机
KDE	另一个流行的 Linux 桌面环境
Linux	狭义上指 GNU/Linux 的内核，广义上指基于该内核的开源操作系统
自生系统（Live CD）	由 CD 或 DVD 提供的不需要安装的 Linux 发行版
包（Package）	运行应用程序所需要的文件集合，一般由包管理器来管理
包管理器	一个跟踪、安装 Linux 软件的工具
分区	磁盘的一部分，用来安装文件系统
Root	Linux 上的主用户，也叫"超级用户"，相当于 Windows 下的管理员（Administrator）账号
Shell	基于文本的命令提示符，运行在终端界面下
sudo	一个让受限用户以"root"用户的模式执行命令的程序
超级用户	同"root"
终端	基于文本的命令提示符，通过 shell 程序与用户交互
X11	X 窗口系统，一个提供图形用户界面（GUI）的包

终端和 GUI

与在 macOS X 和 Windows 操作系统中一样，这里通常有两种主要的方式来实现在 Linux 中的一个特定目标：图形用户界面（GUI）或命令行（在 Linux 的说法是控制台或终端）。

各种 Linux 发行版的界面外观可能大相径庭，这取决于用户使用的桌面环境。在本书中，我们推荐使用 Raspbian，但接下来你将学到的终端命令，在所有发行版中一般是相同的。

不同的 Linux 发行版会有些细微的差别，但用户可以使用相应的方法来实现同样一个目标。

3.2　Linux 基础

虽然有数百个不同的 Linux 发行版，但它们都共享一套通用的工具。这些工具和在 Windows 和 macOS X 中的工具有着相似的功能，只是大都通过终端操作。在开始正式使用 Linux 前，你需要学习下面的命令。

- **ls**：列表（listing）的简写，提供了一个当前目录的内容列表。另外，它可以附带参数。例如，输入 ls/home 将提供/home 下的内容列表并忽略当前路径，相当于 Windows 中的 dir 命令。

- **cd**：切换目录（change directory）的缩写，cd 可以让你通过文件系统进入相应目录。输入 cd 可以返回 home 目录。通过输入你想移动到的目录的名称，切换到该目录。需要注意的是，目录可以是绝对的或相对的：**cd boot** 将进入当前目录下的 boot 目录里，但 **cd /boot**，不论你身在何处，都可以直接进入到/boot 目录。

- **mv**："move" 命令，在 Linux 中有两个目的：它允许一个文件从一个目录移动到另一个目录，它也可以重命名文件。这可能是它独有的地方，在 Linux 系统的规则中，该命令可以将文件从一个名称修改为另一个名称。该命令一般可以写作 `mv oldfile newfile`。

- **rm**："remove" 的简写，rm 用来删除文件。该命令名后的任何文件或文件列表都将被删除。Windows 里的命令是 del，两个命令都要小心使用，防止误操作。

■ **rmdir**：rm 通常不会删除目录。用 rm 命令删除了目录里的文件后，可以通过 rmdir 命令删除空目录。

■ **mkdir**：与 rmdir 相反的命令，mkdir 命令创建新的目录。例如，如果在终端输入 mkdir myfolder，将在当前工作目录下创建一个新的 myfolder 目录。与 cd 类似，命令后的路径可以是相对或绝对的。

3.3　Raspbian 简介

Raspbian 的名字是由广受好评的 Linux 发行版 Debian 演变而来的。Debian 是最早的 Linux 发行版之一，它集稳定性、兼容性与高性能于一身，在多数硬件设备上都能流畅运行，把它用在树莓派上是一个比较好的选择。Raspbian 是基于 Debian 的**衍生发行版**，添加了定制的工具软件，使树莓派用起来尽可能地更方便。

为了最小化下载文件的大小，Raspbian 的镜像仅包含了标准的桌面版本中包含软件的一个子集，其中包括 Web 浏览器、Python 编程工具以及一个单图形用户界面。你可以通过包管理器（apt）方便快速地安装其他软件，或者单击桌面上的树莓派商店的链接购买软件。Raspbian 所用的桌面环境是**轻量级 X11 桌面环境**（Lightweight X11 Desktop Environment，LXDE）。LXDE 基于 **X 窗口系统**，提供鼠标单击式的交互界面，如果你曾经使用过 Windows、Mac OS X 或其他基于图形用户界面的操作系统，就可以迅速上手操作。

首次启动 Raspbian，会运行一个称为树莓派软件配置工具（raspi-config）的小工具。关于这个工具的详细使用信息在第 6 章，现在你可以敲两次键盘上的右方向键，然后按回车键直接退出。

要使用 Raspbian，你需要输入用户名和密码。默认的用户名是 pi，密码是 raspberry。在本章后面，你会学到如何更换用户名和密码。

| 提示 | 在大多数树莓派版本中，GUI 在默认情况下是不加载的，Raspbian 也不例外。登录后输入 startx 然后按回车键可以快速地加载 GUI。要切换回控制台，按住 "Ctrl+Alt" 组合键不放，然后按 F1 键即可。 |

如果你使用的是推荐的 Raspbian 发行版，你会发现有足够的预装软件可以使用。然而树莓派可以使用的软件包数以千计，我们无法列出一个详细的清单来介绍系统可以做些什么。

Raspbian 发行版提供的软件被分为不同的类型。要查看类型，你可以在屏幕左上角任务栏的菜单图标上，单击鼠标左键查看菜单列表里面的内容（见图 3-1），列表里按类别分组提供了软件包。

| 警告 | Raspbian 操作系统正在不断开发更新中，软件会定期从默认列表中添加和删除。虽然以下列表在编写本书时是正确的，但是当你安装这些软件时可能会发现与列表中不同，请不要惊讶。 |

图 3-1　Raspbian 桌面

1. 编程

- **BlueJ Java IDE**：一个专门为 Java 编程语言编写的强大的**集成开发环境**（Integrated Development Environment，IDE）。

- **Geany 程序员编辑器**：Geany 是介于简单文本编辑器和功能齐全的 IDE 之间的编辑器，是用各种语言编写程序的较好选择。

- **Greenfoot Java IDE**：一种面向 Java 编程语言的可视化 IDE，专门为年轻用户和一般编程初学者设计。

- **Mathematica**：一个基于数学符号的强大的计算软件，由 Stephen Wolfram 开发。所有的 Raspbian 用户都可以获得一个免费许可来使用这个付费软件包。

- **Node-RED**：一个基于浏览器的 Node.JS 框架的流编辑器，主要用于简化构建相对复杂的硬件和软件项目。

- **Python 2（IDLE）**：一个专门为 Python 编写的 IDE。本书将在第 11 章中详细介绍 IDLE 的使用，想要使用 IDLE 编写 Python 程序，可以参考相关内容。

- **Python 3（IDLE）**：单击列表中该选项，会加载配置使用较新的 Python 3 编程语言 IDLE，而不是默认的 Python 2.7 语言。二者在很大程度上是相互兼容的，但有些程序可能需要用到 Python 3 的功能。

- **Scratch**：针对初级用户的图形化编程语言。你将在第 10 章中了解更多关于它的功能和使用方法。

- **Sonic Pi**：专门为英国的 Key Stage 3 计算机科学课程所设计的编程环境，通过声音创作教授一些核心概念。该课程受到国际上的一致关注。

- **Wolfram**：由 Mathematica 的创造者开发的一款编程语言，为知识处理而设计。尽管要熟练使用 Wolfram 需要花不少时间，但是它真的很强大。

2. 办公

- **LibreOffice Base**：LibreOffice Base 是本书第 9 章中介绍的 LibreOffice 套件的一部分，它相当于微软 Access 的数据库包。

- **LibreOffice Calc**：电子表格应用程序，相当于微软的 Excel。

- **LibreOffice Draw**：一个矢量插图应用程序，相当于微软的 Visio。

- **LibreOffice Impress**：一个幻灯片应用程序，相当于微软的 PowerPoint。

- **LibreOffice Math**：一个数学公式编辑器，相当于微软方程式编辑器。

- **LibreOffice Writer**：一个文字处理应用程序，相当于微软的 Word。

3. 网络

- **Claws Mail**：一个功能强大的电子邮件客户端，相当于微软的 Outlook。

- **Epiphany Web Browser**：一个网络浏览器，相当于微软的 Edge 或 Internet

Explorer。

- **树莓派资源**：一个在线资源的快捷方式，可帮助你从树莓派和 Raspbian 中获得最大资源。

- **MagPi**：一个可以连接到树莓派杂志官方主页的快捷方式。该杂志每月出版一期，每一期都可以免费下载其 PDF 文档。

4. 游戏

- **Minecraft Pi**：Mojang 流行的 Minecraft 教育版，在第 12 章中有详细介绍。

- **Python 游戏**：一组用 Python 编程语言编写的简单游戏，既可以玩，又可以实验，用来帮助学习 Python 语言。

5. 附件

- **Archiver**：如果你需要创建或提取压缩文件（如 zip 压缩文件），可以使用该工具。

- **Calculator**：一个开源的科学计算器，提供大量科学函数进行快速复杂的计算。

- **文件管理器**：PCManFM 文件管理器为树莓派内置存储或外接存储设备中的文件提供了一个图形化的浏览器。

- **图片查看器**：GPicView 可以让你查看数码相机或存储设备上的图片。

- **PDF 阅读器**：打开可移植文档格式（PDF）文件，例如免费的 MagPi 杂志副本。

- **SD 卡复制机**：使用这个工具、一张空白卡和 USB 型的 micro-SD 读卡器可以为你创建当前 micro-SD 卡的备份副本。

- **任务管理器**：可以查看树莓派可用的内存量、当前处理器负载情况以及关闭崩溃或无响应的程序。

- **终端**：终端程序包可以让你在一个窗口中使用 Linux 命令行而不必关闭图形用户界面。

- **文本编辑器**：一个简单的文本编辑器，它可用于快速记笔记或编写简单的程序。

6. 帮助

- **Debian 参考手册**：关于 Debian Linux 发行版的详细说明，同时告诉开发者如何贡献代码。

- **树莓派帮助**：资源的快捷方式，在使用树莓派遇到问题时，可以帮助你解决问题。

> **查找帮助**
>
> Linux 即使在终端命令提示符的环境下，也是非常友好的。你将在这里学习每个命令的常见用法，而不是每一个选项（这样做将需要更多内容）。
>
> 如果你发现自己陷入了困境，或者如果你想了解更多相关的内容，有一个命令你应该学会：man。
>
> 每一个 Linux 应用程序都自带有帮助文件，称为"手册页"（man page，manual page 的简称）。它提供了该应用程序的背景以及使用该应用程序的细节。
>
> 要访问一个给定工具的帮助页面，只需输入 **man** 后接该命令名。例如，查看 ls 的帮助，只需输入 **man ls**。

7. 参数

- **添加/删除软件**：一个用于安装新软件或卸载现有软件的工具，在 3.6 节中有具体介绍和演示。

- **外观设置**：用于调整图形用户界面（GUI）外观的工具包，包括窗口的样式和颜色。

- **音频设备设置**：一种用于更改系统当前音频设备配置使用的工具，你可以在模拟、HDMI 和蓝牙音频输出之间进行更改。

- **主菜单编辑**：一个用于直接编辑这些菜单条目的工具，你可以为那些不是默认安装的应用程序或网站添加快捷方式，或者编辑任何现有应用程序或网站的快捷方式。

- **鼠标和键盘设置**：一个用于调整输入设备的工具。如果你的键盘输入了某些错误字符，或者鼠标太敏感，都可以通过这个工具进行更改设置。

- **树莓派配置**：加载一个图形工具，用于修改许多树莓派的硬件和软件设置，在第 6 章中有详细介绍。

3.3.1 谈谈 Raspbian 的前身 Debian

Raspbian 是基于一个早期的 Linux 发行版本：Debian。Debian 这个词源于它的创造者 Ian 和女友 Deb 的名字，这一发行版凭借优秀的表现而广受好评。Raspbian 继承自 Debian，是树莓派社区定制的一个独立版本。Canonical 的 Ubuntu Linux 也是基于 Debian 的。而在台式计算机和笔记本电脑上最受欢迎的发行版之一是 Linux Mint，它是基于 Ubuntu 的一个变种。

派生以及再派生的这一过程是开源软件的一大标志。对于闭源的软件包，例如微软 Windows，是不可能让你按照自己的需求进行个人定制的。而这却是开源软件最大的优势之一，Raspbian 为适应树莓派而对 Debian 做出的修改，便是对这一特点最简单完美的诠释。

3.3.2 Raspbian 的替代方案

尽管 Raspbian 是我们推荐在树莓派上使用的 Linux 发行版，但是还有很多其他选项可选择，其中最受欢迎的那些，我们列在了树莓派官网的下载页上。它们中的大多数都可以按照第 2 章的步骤，用 NOOBS 来进行简单安装。

除了 Raspbian，树莓派上最常用的发行版还有 RaspBMC 和 OpenELEC，它们可以把树莓派打造成家庭影院，具体请看第 8 章；其次还有 Pidora，一个基于 Fedora 项目的发行版，而 Fedora 本身是基于 Red Hat 的一个发行版；另一个可选的发行版是 Arch Linux，它专为那些已经对 Linux 很熟悉的用户而设计，因此不像其他在列表中列出的发行版，它默认是不包含图形用户界面（GUI）的。

在 NOOBS 列表中，有一项不属于 Linux 家族，那就是 RISC OS。它是由 Acorn 公司于 20 世纪 80 年代开发的，原本用于自家的阿基米德系列个人计算机（一款和树莓派一样基于 ARM 架构处理器的计算机）。RISC OS 有着简洁的图形用户界面，快速而简单易用。尽管随着 1998 年 Acorn 公司的破产，RISC OS 的用户关注度也一落千丈，但它仍然有着自己的粉丝群，而且粉丝们很快就将它移植到了树莓派上来。

RISC OS 在树莓派上的运行和响应速度比其他操作系统都要快许多，因为它原本就是专为 ARM 指令集架构而设计的。但是很遗憾，这样的高速度所付出的代价是，RISC OS 只能运行专门为它编写的应用程序，因此其应用软件在数量上远远少于 Linux。

NOOBS 非常智能，它只向你展示树莓派型号支持的操作系统。例如在基于 BCM2835 的 Model A、Model B、Model A +、Model B +或树莓派 Zero 上运行 NOOBS 时，将不会出现 BCM2836 处理器或更高版本的操作系统（例如 Windows 10 IoT Core）。

3.4 使用外部存储设备

树莓派的 micro-SD 卡是用来存储树莓派所有文件和目录的。目前可用的 micro-SD 卡容量最大可达 256 GB，但是和 10 000 GB（即 10 TB）的台式计算机硬盘相比，容量仍然显得很小。

如果使用树莓派播放视频文件（请参见第 8 章），你可能会需要比 SD 卡更多的存储空间。正如你在第 2 章了解到的那样，树莓派可以外接 USB 大容量存储设备（USB Mass Storage，UMS），从而获得更多的存储空间。

在访问这些外部存储设备前，操作系统需要识别它们。在 Linux 中，这个过程称为挂载。如果你正在运行一个带有桌面环境的 Linux 版本，则该过程是自动进行的。你只需将设备连接到树莓派的空闲 USB 接口或一个 USB 集线器上，就可以立即进行访问（见图 3-2）。

在控制台中，操作会稍微复杂些。在 Linux 未加载桌面环境时访问移动外设，请按照下列步骤操作。

图 3-2　Raspbian 自动挂载 USB 大容量存储设备

提示　　注意，用↵符号分割的多行其实是一条命令，这样表示是由于书本页面宽度的限制。请将这样的命令输入在一行里，遇到↵符号后不要按回车键，继续输入后面的行，输入完整的命令后再按回车键。

（1）将 USB 存储设备连接到树莓派上，无论是直接或通过连接 USB 集线器。

（2）输入 **sudo fdisk -l**，查看连接到树莓派的驱动器列表，通过设备容量找到 USB 存储设备。请注意设备名称/dev/sd*XN* 中的 *X* 是驱动器号，*N* 是分区编号。如果它是连接到树莓派唯一的移动设备，一般是/dev/sda1。

（3）在 USB 存储设备可以访问前，Linux 需要挂载点。输入 **sudo mkdir/media/externaldrive**，创建挂载点。

（4）目前，该设备只能被 root 用户访问。为了让所有用户访问，请你输入以下命令。

```
sudo chgrp -R users /media/externaldrive && ↵
sudo chmod -R g+w /media/externaldrive
```

（5）通过以下命令挂载 USB 存储设备，获得设备的访问权限和内容。

```
sudo mount /dev/sdXN /media/externaldrive -o=rw
```

3.5 创建一个新的账号

与许多桌面操作系统不同，Linux 最初是为个人使用而设计的，Linux 的核心是设计一个多用户的社交操作系统。在默认情况下，Raspbian 配置了两个用户账号：pi（普通用户账号）和 root（拥有额外权限的超级账户）。

> 提示　　不要一直使用 root 账号登录。使用非特权用户账号，可以保护你的操作系统免受意外破坏以及互联网上下载的病毒和其他恶意软件的破坏。

虽然你已经有了 pi 这个账号，但是创建自己专用的账号会更好些。另外，你还可以为可能要使用到树莓派的任何朋友或家人创建更多的账号。

为树莓派创建一个新的账户是非常容易的，而且在所有发行版中都是相同的（除了用户名和密码）。你只要按照下列步骤操作即可创建新账户。

（1）使用现有的账户登录到树莓派（如果使用的是推荐的 Raspbian 发行版，则用户名为 pi，密码为 raspberry）。

（2）在任何逗号后面输入以下内容，逗号后无空格分隔，在一行里输入下面命令。

```
sudo useradd -m -G
  adm,dialout,cdrom,sudo,audio,video,plugdev,games,users,↵
input,netdev,gpio,i2c,spi username
```

该命令将创建一个新的、空白的用户账户。

（3）为新账户设置，输入 **sudo passwd** 用户名，系统会提示设置密码。

解释一下上面的操作。命令 sudo 告诉操作系统应运行在 root 账号下：useradd 表示你要创建一个新的账号；-m 作为一个**标志**或一个**选项**，告诉 useradd 程序来创建一个新用户可以存储他或她的文件的主目录；-G 标志新用户应该是某个组的成员。

3.5.1　文件系统布局

SD 卡中的内容是我们介绍过的**文件系统**，它被分成多个部分，每个部分都带有特定的目的和功能。虽然了解树莓派各部分的作用对于用户来说不是必需的，但为了能让用户更好地使用树莓派，了解一些基本的背景知识是没有坏处的。

> **用户和组**
>
> 在 Linux 中，每个用户有 3 个主要属性："用户 ID"（UID）、"组 ID"（GID）和一个列表补充说明组成员身份。用户可以是许多组的一个成员，虽然只有一个是用户的主组。这通常是与用户名一致的用户组。
>
> 组属性是很重要的。虽然用户可以直接访问系统上的文件和设备，但更重要的是接受这些通过组成员身份的访问。例如，组 audio 允许所有组中成员访问树莓派播放声音的硬件，如果非本组成员的用户将不能播放任何音乐。
>
> 要查看一个用户组信息，在终端上输入 **groups** 用户名。如果对默认的用户 pi 使用该命令，你会看到全部用户组的列表，任何新的用户要想使用树莓派都需要加入其中某个组。这个列表其实就是在 3.5 节操作中的步骤 2 里所用到的。

3.5.2　逻辑布局

Linux 对驱动器、文件、文件夹和设备的处理方式与其他操作系统有所不同。它不需要对每个驱动器都标记一个字母，所有这些都作为**根文件系统**下面的分支节点。

如果你登录到树莓派，输入 **ls /**，会看到不同的目录（见图 3-3），其中有些是 SD 卡中的文件，有些是访问操作系统或硬件的**虚拟目录**。

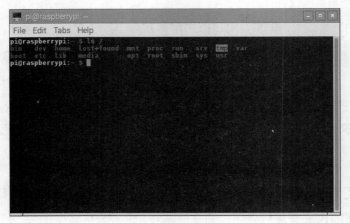

图 3-3　树莓派文件系统的根目录

Raspbian 发行版中可见的默认目录如下。

- **boot**：包含启动树莓派需要的 Linux 内核和其他软件包。

- **bin**：操作系统中相关的二进制文件都存储在这里，例如需要运行的 GUI。

- **dev**：虚拟目录，实际上 SD 卡并不存在。所有连接到系统的设备（包括存储设备、声卡和 HDMI 接口）都可以从这里访问。

- **etc**：存储配置文件，包括用户列表和加密的密码。

- **home**：每个用户在该目录拥有一个子目录，来存储所有的个人文件。

- **lib**：用来存储不同应用程序所需代码共享的**库文件**。

- **lost+found**：当系统崩溃时，存储丢失**文件碎片**的特殊目录。

- **media**：可移动存储设备目录，例如优盘或外部 CD 驱动器。

- **mnt**：该文件夹用于手动**挂载**的存储设备，如外部硬盘驱动器。

- **opt**：用来存储不是操作系统本身自带的软件。你安装到树莓派的新软件如果不在 usr 目录下，那么通常会在这里。

- **proc**：虚拟目录，包含正在运行的程序的信息，即 Linux 中的**进程**。

- **run**：后台运行的各种守护进程使用的特殊目录。

- **root**：虽然大多数用户的文件保存在 home 子目录中，但是 root（超级用户）账户的文件保存在 root 目录中。

- **sbin**：存储特殊二进制文件的目录，主要在 root（超级用户）账户对系统进行维护时使用。

- **srv**：用于存放操作系统服务数据的目录，它在 Raspbian 中是空的。

- **sys**：虚拟目录，用于存放被 Linux 内核所使用的系统信息。

- **tmp**：用于自动存储临时文件。

- **usr**：该目录存储用户要访问的程序。

- **var**：虚拟目录，用于存储程序运行时改变的值或变量。

3.5.3 物理布局

尽管前面的列表中显示了 Linux 的文件系统是如何组织的，但它并未说明文件是如何布局到 SD 卡上的。对于默认的 Raspbian 发行版，SD 卡的存储空间分为两个主要的段，这些段被称为**分区**，因为它们将磁盘分割成了不同的区域，这就和本书用章节来分割内容是一样的。

磁盘上的第一个分区是一个小（约 75 MB）分区，格式为 FAT32，与微软 Windows 为可移动驱动器使用的分区是一样的。该分区挂载在/boot 目录下，可从/boot 目录访问，包含配置树莓派和加载 Linux 本身需要的所有文件。

第二个分区则要大很多，是 EXT4 格式的，这是一种为高速访问和数据安全而设计的 Linux 原生文件系统。该分区包括了发行版的主要内容，所有的程序、桌面、用户文件和任何你自己安装的软件都存储在这里，它占用了 SD 卡的大部分空间。

3.6 安装和卸载软件

虽然 Raspbian 发行版中默认安装的软件就足够使用了，但是你仍然可以根据需要自定义自己的树莓派。想要从互联网上安装软件，需要树莓派能够连接有线网络或 Wi-Fi 无线网络。

3.6.1 以图形方式管理软件

在 Raspbian 中安装新软件的最简单方法是使用"首选项"菜单中的"添加/删除软件"（Add/Remove Software）实用程序（见图 3-4）。它提供了 Raspbian 存储库中可用的所有软件列表，其中任何一个软件都可以安装，只需单击几次鼠标即可。但是，使用"添加/删除软件"实用程序需要连接互联网，如果你使用的是树莓派 Zero、Model A 或 Model A+，则需要使用 USB 网络适配器才能安装额外的软件。

图 3-4 添加/删除软件的主窗口

要安装任何图 3-4 中列出的软件，只需在其名称左边的框中勾选，然后单击鼠标即可。你可以同时选择多个软件包，如果你选择的软件包需要安装其他软件包，例如游戏需要数据文件来操作，这些软件包将会自动为你选择。

选择好要安装的软件后，单击窗口右下角的"应用"（Apply）按钮，然后提示你输入密码（见图 3-5）。确认要安装的软件并将你的账号提升为 root 权限，root 权

图 3-5 验证软件安装说明

限允许你更改软件配置，当安装软件后，单击"确定"（OK）关闭窗口。

卸载软件就像安装一样简单：只需单击要删除的软件名称旁边的勾选框，然后单击"应用"（Apply）按钮将其删除。但请注意，在单击"应用"（Apply）之前，请务必仔细检查要卸载的软件的名称，因为完全可能通过这种方式删除你实际需要的软件！

3.6.2 以命令行方式管理软件

如果你在没有 GUI 的情况下运行树莓派，可以使用名为 apt 的工具获取相同的软件包，apt 工具是一个功能强大的软件包管理器。当你在 GUI 中添加或删除软件时，实际上相当于只使用 apt –but 命令。

> **其他发行版**
>
> 与大多数基于 Debian 的发行版一样，Raspbian 使用一个名为 apt 的工具作为包管理器。它不是唯一的工具，其他发行版可能使用不同的包管理器。例如，Arch Linux 使用 yum 工具。
>
> pacman 和 apt 难易程度一样，但它们的语法（指示安装新的软件或删除现有软件的命令）是不同的。有关使用 pacman 的说明，请在 Arch Linux 终端输入 **man pacman** 命令获取帮助信息。
>
> 其他发行版可能使用称为 yum 的包管理器。如果你想使用 yum，可以在终端中输入 **man yum** 命令来查看使用方法。

包管理器的任务是跟踪记录在系统上安装的所有软件。它不只是安装新的软件，还列出已安装的软件，允许删除旧的软件或安装可用的更新。

Linux 操作系统的包管理和 Windows 或 macOS X 等其他操作系统有着明显的不同。尽管它允许手动下载并安装新的软件，但更为常见的用法是使用内置的软件包管理工具替代。

> 提示　在尝试安装新的软件或升级现有的软件之前，你需要确保 apt 缓存是最新的。要做到这一点，只需输入命令 **sudo apt-get update**。

3.6.3 查找你要的软件

安装一个新软件的第一步是要找出它叫什么。要做到这一点，最简单的方法是在**缓存**中搜索可用的软件包，这个缓存列出通过 apt 可以安装的所有软件，存储在称为源的互联网服务器上。

apt 命令包括一个实用程序，用于管理该缓存，即 apt-cache。用这个命令，可以使用一个特定的词或短语搜索所有可用的软件包。

例如，要搜索游戏，你可以输入下面的命令。

```
apt-cache search game
```

该命令告诉 apt-cache 在它的可用软件列表中搜索任何标题或描述包含"游戏"的软件。对于比较普通的关键字，你可能会得到一个很长的列表（见图 3-6），因此，最好尽可能地明确搜索要求。

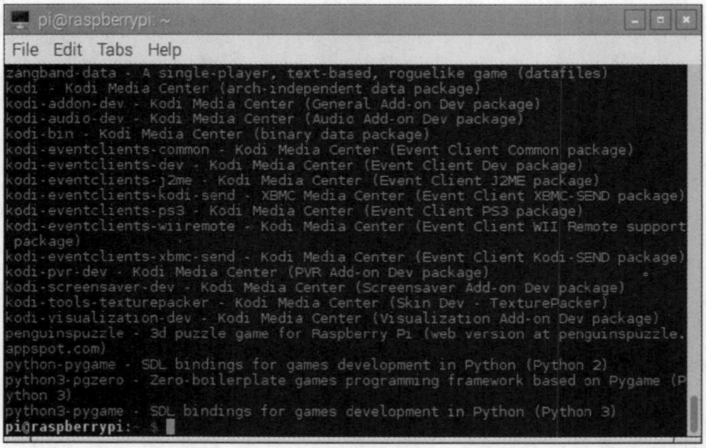

图 3-6　通过 pt-cache 搜索"game"所得结果中的最后一部分

提示　　如果搜索得到的结果太多，在一个屏幕上无法显示完全，你可以通过管道将输出传给 less 工具，让它暂停显示每屏的 apt-cache 输出，可以通过命令 `apt-cache search game | less` 搜索和使用光标键滚动列表，按键盘上的字母 Q 退出。

3.6.4　安装软件

一旦知道要安装的软件包的名称，你就可以切换到 apt-get 命令安装它。安装软件需要 root 用户权限，它会影响所有的树莓派用户。因此，你需要在命令前面加上 sudo 来告诉操作系统安装应作为 root 用户来运行。

例如，要安装 nethack-console 软件包（一个基于控制台的随机生成的角色扮演类游戏），你只需要像下面介绍的这样，使用 apt-get 的 install 命令即可。

```
sudo apt-get install nethack-console
```

某些包依赖于其他软件包，从而方便操作。一种编程语言，可能依赖另一种编译器、一个游戏引擎图形文件或播放不同格式音频播放器的编解码器，这些在 Linux 中被称为**依赖性**。

依赖是使用包管理器而非手动安装软件的最主要原因之一。如果某个包依赖于其他包，apt 会自动找到它们（见图 3-7），并准备安装。如果发生这种情况，会有一个提示询问是否要继续，如果继续，则输入字母 **Y**，然后按回车键。

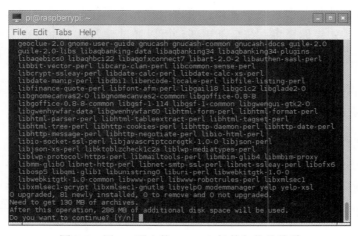

图 3-7 用 apt 列出的 gnucash 软件包依赖关系

3.6.5 卸载软件

如果你决定不再需要某个软件，apt-get 还包括一个 romove 命令用来干净地卸载软件包。当你在树莓派上使用一个较小的 SD 卡时，对于只是想要尝试一个软件并马上将其移除的场合，这个命令是非常实用的。

要移除 nethack-console，只需打开终端，输入以下命令即可。

```
sudo apt-get remove nethack-console
```

remove 命令有一个功能更强的类似命令 purge。和 remove 一样，purge 命令可以移除你不再需要的软件。相比 remove 会留下软件配置文件，purge 将删除所有相关文件。如果你自己定制了一个软件包并且不再工作，建议使用 purge 移除。例如，删除 nethack-console，你只需输入以下命令即可。

```
sudo apt-get purge nethack-console
```

3.6.6　升级软件

除了安装和卸载软件包，你还可以使用 apt 命令更新软件，通过 apt 升级软件包确保可以收到最新的更新、bug 修复和安全补丁。

在升级软件包之前，你可以通过运行更新，确保 apt 缓存是最新的。

```
sudo apt-get update
```

在升级软件时，你有两个选择：可以一次升级系统中的所有内容，也可以升级单个软件。如果你想将系统全部更新，可以通过输入以下命令来实现。

```
sudo apt-get upgrade
```

要升级单个软件包，简单地使用 apt 命令再次安装该软件即可。例如安装 nethack-console 升级，你可以输入以下命令。

```
sudo apt-get install nethack-console
```

如果已经安装好软件包，apt 可以直接对它升级。如果已经运行了最新的版本，apt 将提示它不能升级软件并自动退出。

提示　　想要了解关于 apt 的更多信息，特别是阻止某些包更新，请在终端输入 **man apt** 查看。

3.7　安全关闭树莓派

尽管树莓派不像传统计算机那样有一个电源开关，但这并不意味着你可以直接拔掉电源线。即便有时树莓派表面上看起来并没有在执行什么，实际上它也经常在读写 SD 卡。一旦突然断电，SD 卡的内容就很可能被**污染**而变得不可读。

使用终端关机，请输入以下命令。

```
sudo shutdown -h now
```

如果你正在使用 Raspbian 的图形桌面，请单击屏幕左上角的"菜单"，然后单击"关闭"选项，之后会看到"关闭""重新启动"和"注销"选项的菜单。单击"关机"选项可以安全关闭树莓派。

树莓派会关闭所有已打开的应用，如果你还没有将打开的文件保存并关闭，系统会弹出提示，然后屏幕会变黑，ACT 指示灯将熄灭。当指示灯熄灭之后，再拔掉 micro-USB 线或关闭电源就很安全了。

如果你想重新使树莓派开机，或者不小心将树莓派意外关机了，只要重连一遍电源系统就可以自动启动。

第 **4** 章
故障排查

有时候，事情不可能进展得完全顺利。越复杂的装置，往往会有越复杂的问题出现，而树莓派确实是个相当复杂的设备。

值得庆幸的是，许多最常见问题的诊断和修复相对比较简单。在本章中，我们将了解一些常见的树莓派故障以及如何修复。

4.1 键盘与鼠标的诊断

体验树莓派的用户遇到的最常见问题，莫过于重复输入了某些字符。例如如果命令 startx 变成 stttttttttttartxxxxxxxxxxxxx 显示在屏幕上，当按下回车键时，它将无法工作。

通常情况下，当一个 USB 键盘连接到树莓派时，树莓派无法正常工作，原因有两个：要么是它自身需要较大功率，要么是内部芯片与计算机上的 USB 接口电路有冲突。

检查键盘的说明书或者其下方的标签，看看它是否给定一个电源参数，单位是**毫安**（mA），这就是键盘工作时从 USB 接口所需使用的电流大小。树莓派的 USB 接口无法提供像笔记本电脑或台式计算机那么大的功率。对于有内置 LED 的键盘来说，需要一个远比标准键盘更大的功率，这就可能有些问题了。

如果你发现自己的 USB 键盘需要很大的功率，可以尝试连接到一个 USB 集线器而不是直接连接到树莓派上。它允许键盘从集线器的供电单元获取供电，而不是从树莓派本身得到。另外，你还可以换成低功耗的键盘。这个问题也可能是树莓派本身的供电问题造成的，这将在 4.2 节中解决。

不幸的是，兼容性问题很难诊断。虽然绝大多数的键盘与树莓派可以很好地配合，但是有少数会表现出很奇怪的症状，这些症状包括按键失灵、按键重复输入，甚至树莓派崩溃而无法工作。有时候，直到其他 USB 设备连接到树莓派上，这些问题才会出现。如果你的键盘一直工作良好，而到了另一个 USB 设备上，特别是一个 USB 无线适配器连接后出现问题，那么这很可能就是不兼容的问题。

如果可能的话，请更换键盘。如果新键盘可以工作，那么老的键盘可能和树莓派不兼容。要了解已知的不兼容键盘，可以访问 eLinux 的 wiki 获取信息。

同样的建议也适用于检查鼠标的兼容性问题上：大多数 USB 鼠标和轨迹球等工作良好，但是有些与树莓派的 USB 接口电路不兼容。这种情况通常只会导致鼠标指针的反应迟钝，但有时也可能导致树莓派无法启动或者崩溃。

4.2 供电诊断

虽然低功耗型号 Model A 能提供 500 mA 电流，高性能的树莓派 3 可以提供高达 1 200 mA 的电流（1.2 A），可以连接更多的外设。但关于树莓派的许多问题仍然可以追溯到供电不足上来。除非它们的标签标明，否则并不是所有的 USB 电源适配器都能提供这么大的功率。

提示	在 USB 的官方标准中指出，供给设备的电流通常不应超过 500 mA，否则需要通过一种称为"协商"的过程获得更大的电流。因为树莓派没有供电协商的机制，即使你将它连接到台式计算机的 USB 接口，它也是不会工作的。虽然树莓派 Zero 等低功耗型号可以使用，但树莓派 2 和树莓派 3 等高功耗型号不能通过台式计算机的 USB 接口供电。

如果你的树莓派响应起来断断续续（尤其是当连接到一个 USB 设备或者处理器负载很大时，如播放视频），这可能是供电不足引起的。树莓派的电源指示灯 LED 可以做内置电压测试，让你知道所使用的电源是否低于稳定运行所需的电压。如果电源指示灯闪烁或熄灭，就表示电源供电电压低于 4.65 V，远低于 5 V 的 USB 标准，应予以更换。

电源不足的另一个警示标志是显示器右上角会出现一个彩色方块。如果电源处于临界状态，当你运行一些使用图形处理器的程序或者连接其他硬件到 GPIO 端口消耗电量时，你可能会看到这个彩色方块出现或消失。

如果你想更好地了解树莓派的电量情况，最简单的方法是购买 USB 电表。这是一种简单的万用表，USB 电表可以安装在 USB 电源和树莓派之间，用于测量电压和电流。

警告　树莓派上有一些接触点，你可以通过使用传统万用表的探头测量这些接触点来读取电源电压，但你不应该这么做，因为这样非常容易把探头短路到附近的引脚上，这需要特别注意。

适用于 USB 电表的 USB 电缆线应与 USB 电表的输入端相连，USB 电表的输出端由 micro-USB 电缆线连接到树莓派上。当连接电源时，USB 电表（见图 4-1）开始读取来自电源的电能质量统计数据。这些统计数据包括电压（通常用 V 表示显示器上的伏特）和电流（用 A 表示安培）。

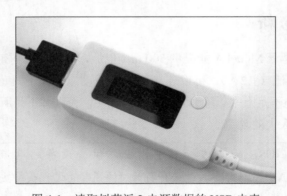

图 4-1　读取树莓派 2 电源数据的 USB 电表

USB 电表上的电压读数应介于 4.65 V～5.2 V。如果电压低于 4.65 V，则表示树莓派没有提供足够的电能，请尝试将 USB 适配器换成其他型号，同时检查一下标签是否可以为低功耗树莓派供应 700 mA 或更大的电流。低功耗树莓派 Model A 型、树莓派 Zero、Model A+、Model B + 和树莓派 2 需要电流为 1.8 A 或更高，树莓派 3 需要电流为 2.5 A 或更高。便宜的电源和薄的 micro-USB 电缆线的标签有时不准确，无法提供承诺的电流。真正的品牌电源，很少有这种问题，但廉价的设备（如通用适配器），就不好说了。

当前读数可以用来确定电能使用情况。例如，如果读数显示 "0.62 A"，这意味着当前系统工作电流为 620 mA（毫安，千分之一安培），它高于电源额定输出的 500 mA 电流值，但相对安全的 1 A 或更高的电源电流。树莓派在正常运行时电流应该小于 500 mA，但是如果你连接其他硬件，如 Wi-Fi 适配器、板载显示器、无线键盘和鼠标，这个数字可能会增加。USB 电表是跟踪当前使用电流情况最简单、最安全的方法。

4.3　显示诊断

尽管树莓派几乎可以处理任何 HDMI、DVI 或复合视频的显示，但是当你插上电源，它也可能没有按照预期工作。例如，你可能会发现图像是在边上或没有完全显示出来，或者仅仅是可见的一枚邮票大小显示在屏幕中间，或者黑屏、白屏，甚至是完全没有显示。

首先，检查与树莓派连接的设备类型。当你使用复合连接方式连接树莓派和电视机时，这是特别重要的。不同的国家/地区使用不同的电视图像标准，这意味着树莓派在一个国家（或地区）的配置到了另一个国家（或地区）就不能工作，这通常是树莓派显示黑白视频的原因。我们将在第 7 章中学习如何调整树莓派这方面的设置。

当使用 HDMI 作为输出时，通常树莓派会自动检测显示器类型。如果你使用一个HDMI 到 DVI 转换插头或 VGA 适配器连接树莓派和一个显示器，偶尔会出错。常见的症状包括出现雪花画面、丢失部分图片或者不显示图片。为了解决这个问题，你需要注意所连接的显示器的分辨率和刷新率，然后跳转到第 7 章找出如何手动设置。

另一个问题是图片过大或过小，要么在屏幕的边缘丢失部分图片，或在屏幕中间出现一个大的黑色边框。这是由一个称为**过扫描**的设置导致的，它用于树莓派连接到电视机时避免图像被屏幕棱角挡住。至于其他相关显示设置，你将在第7 章学习如何调整。

4.4　启动诊断

大多数情况下树莓派不能启动是由于 SD 卡（或 micro-SD 卡）的问题。和台式计算机或笔记本电脑不同，树莓派只有依赖存储在 SD 卡中的文件才能进行所有工作。如果树莓派没有 SD 卡，它不会在屏幕上显示任何东西。

当连接上 micro-USB 供电，如果树莓派的电源指示灯发光，但是不能工作并且 ACT 指示灯也不亮，那说明 SD 卡存在问题。首先，确保 SD 卡在计算机上是可以正常工作的，查看 SD 卡的分区和文件是否正常（有关详细信息，请参见第 3章，尤其是 3.5.1 节的内容）。

如果 SD 卡在 PC 上可以正常工作，但在树莓派上不能，那可能是一个兼容性问题。有一些 SD 卡连接到树莓派主板上的 SD 卡接口后，不能够正常使用，很可能是该 SD 卡与树莓派不兼容。

如果你的 SD 卡不兼容，那么很遗憾，为了树莓派能够正常工作，你可能需要更换一张 SD 卡。随着树莓派的软件开发不断地完善，将会确保更多的 SD 卡可以和树莓派正常地连接使用。在完全放弃一张 SD 卡之前，看看你选择的 Linux 发行版是否有可用的更新（更多关于发行版本的信息可以参见第 1 章）。

如果你通过超频更改了树莓派的运行速率（参见第 6 章），也可能无法正常启动。这时要暂时禁用超频，使树莓派以正常速率运行，请在屏幕出现引导信息的时候按下 Shift 键不动。

4.5　网络诊断

最有用的网络问题诊断工具是 ifconfig。如果你使用了无线网络连接，请跳转到第 5 章，那里将会介绍类似的工具，否则请继续阅读本节。

ifconfig 是一个强大的工具，它提供网络端口信息，可以控制和配置树莓派的网络端口。最基本的用法只需在终端输入工具的名字。

```
ifconfig
```

用这种方法调用 ifcongfig，它将提供所有网络端口的信息（见图 4-2）。对于标准的树莓派 Model B、Model B+和树莓派 2，主要有两个端口：右端的物理以太网接口以及安装在树莓派上的用于程序之间通信连接的虚拟**本地环回接口**。同时，树莓派 3 还有第 3 个端口：内置的无线网络适配器端口。

ifconfig 输出分为以下几项。

- **Link encap**：网络所使用的封装类型，对于树莓派 Model B，使用的物理网络端口（通常名为 eth0）显示为 Ethernet，使用的本地虚拟环回适配器（通常名为 lo）则显示为 Local Loopback。

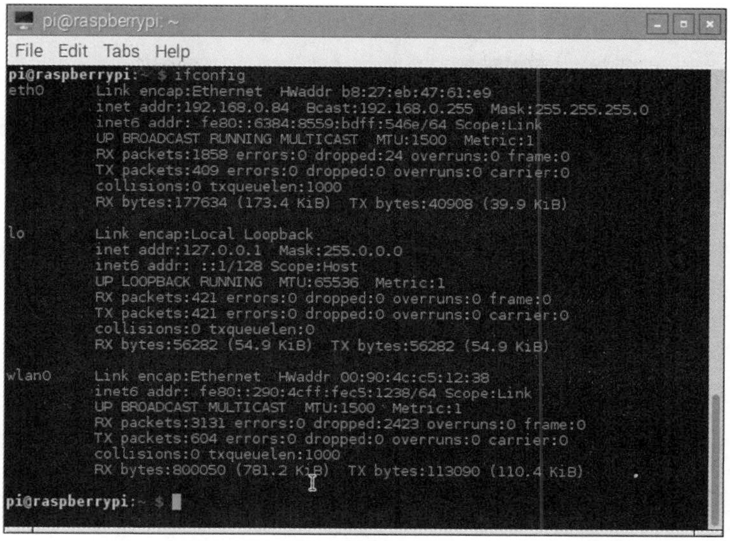

图 4-2 树莓派 3 上的 ifconfig 输出

■ **Hwaddr**：网络接口的**媒体访问控制（MAC）地址**，以十六进制标记。网络中的每个设备都有唯一的 MAC 地址，每个树莓派都有唯一的 MAC 地址，这是在出厂时设定的。

■ **inet addr**：网络端口的**互联网协议（IP）地址**，在运行网络服务例如访问 Web 和文件服务器时，使你能够在网络上找到树莓派。

■ **Bcast**：树莓派所在网络的**广播地址**，任何发往该地址的流量都会被该网络中的所有设备接收。

■ **Mask**：**网络掩码**，用于控制网络用户的最大量，一般都是 255.255.255.0。

■ **MTU**：**最大传输单元**，是指一种通信协议的某一层上面所能通过的最大数据包大小。

■ **RX**：收到网络流量情况，包括错误以及丢包情况。如果这里有错误，表明网络存在问题。

■ **TX**：提供了和 RX 同样的信息，但指的是发送数据包。任何在这里记录的错误都表明存在网络问题。

■ **Collisions**：如果两个系统在网络上尝试在同一时间发送消息，将会发生碰撞，会要求它们重新发送数据包。小数量的碰撞并不是问题，但大量的碰撞表明存在网络问题。

- **txqueuelen**：**传输队列**的长度，通常会设为 1 000，并且很少修改。

- **RX bytes** 和 **TXbytes**：网络接口传送数据总量。

如果树莓派的网络有问题，首先应该尝试关闭和重启网络端口。最简单的工具分别是 ifup 和 ifdown。

如果网络连接正常，但不能正常工作，例如 ifconfig 在 inet addr 列表下不存在任何项目，可以通过禁用网络端口开始修复工作，需要在终端输入以下命令。

```
sudo ifdown eth0
```

一旦网络被禁用，要先确保电缆两端插紧，连接到树莓派的所有网络设备（集线器、交换机或路由器）正常工作，然后使用下面的命令启用端口。

```
sudo ifup eth0
```

你可以通过使用 sudo ping 命令测试网络，发送数据到远程计算机并等待响应。如果网络正常，你应该看到类似图 4-3 所示的响应；如果不是，则可能需要手动配置网络，你将在第 5 章学习如何操作。

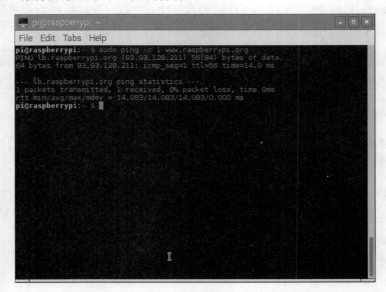

图 4-3　用 sudo ping 命令测试网络正常的结果

第 **5** 章
网络配置

对大多数用户来说，配置树莓派的网络是非常容易的，你只需要把网线插入 Model B、Model B+、树莓派 2 或树莓派 3 的以太网接口中，或者插入 Model A、Model A+、树莓派 Zero 型树莓派的 USB 以太网适配器上就可以了，但是，对少部分人来说，还需要再进一步进行手动网络配置。

如果你所在的网络中没有**动态主机配置协议**（Dynamic Host Configuration Protocol，DHCP）服务器，这个服务器可以让树莓派和网络上其他设备进行网络连接，或者你想知道如何使用 USB 无线适配器，那么，请继续阅读本书后面的内容。

5.1   有线网络

一般来说，家庭、学校或者单位使用的网络中绝大多数有 DHCP 服务器存在，它可以告诉网络中的树莓派或其他网络设备如何接入本网络。但在某些情况下，树莓派所在的网络不包含 DHCP 服务器，此时如果想使用树莓派，就要手动配置树莓派的网络，下面一步步来完成这个配置。

注意　　如果你只是希望树莓派有一个不变的 IP 地址（称为静态 IP），那么直接在树莓派上配置 IP 地址是错误的。你应该使用路由器或参考其他 DHCP 服务器手册，了解如何进行静态 IP 配置，静态 IP 地址可以防止树莓派与网络上的其他设备发生冲突。

5.1.1   通过 GUI 连接到有线网络

在树莓派上手动配置网络的最简单方法是通过图形用户界面（GUI）来配置。

Raspbian 桌面已经配置了网络支持,在系统托盘上找到网络图标(网络图标看起来像是通过电缆连接在一起的两台计算机),然后在图标上单击鼠标右键,并单击"WiFi Networks(dhcpcdui)"设置,此时将出现配置窗口(见图 5-1)。

Raspbian 网络配置窗口提供多个选项。你不需要填写所有选项来激活有线网络,相反,只需使用以下指南填写尽可能多的内容。

图 5-1　Raspbian 网络配置窗口

- **IP 地址(IP Address)**:要给树莓派分配静态 IP 地址。这是必须设置的,不能为空。

- **路由器(Router)**:网络路由器或其他网络网关的 IP 地址。如果为空,那么树莓派将只能连接到本地网络上的其他设备上,而不能连接到 Internet。

- **DNS 服务器(DNS Servers)**:一个或多个域名系统服务器的 IP 地址,用于将友好的域名转换为服务器的 IP 地址。如果你不知道 ISP 的 DNS 服务器地址,而且没有运行任何本地 DNS 服务器,请输入 8.8.8.8 和 8.8.8.4,用空格分隔来使用 Google 的公共 DNS 服务器。

- **DNS 搜索(DNS Search)**:用于 DNS 搜索本地名称的搜索后缀。对于大多数家庭网络来说,可以设置为"本地"或"家庭",如果你不确定,可以把这里空着。

填写好配置选项后,单击"应用"(Apply)按钮。如果提示错误信息,请仔细检查你的配置选项,一般常见的错误信息是使用除单个"空格"之外的其他键值来分隔多个 DNS 服务器地址,如果未显示任何错误,则可以跳到 5.1.3 节。

5.1.2　通过终端连接到有线网络

除了可以使用图形化方法连接到有线网络外,你还可以使用终端配置网络连接。配置方法为从菜单按钮启动终端窗口或使用 Raspbian 终端,然后输入以下命令。

```
sudo nano /etc/dhcpcd.conf
```

　　它将使用 root（超级用户）权限启动功能强大、界面友好的 nano 文本编辑器，同时打开位于/etc 目录中的 dhcpcd.conf 文件进行编辑（见图 5-2）。dhcpcd.conf 文件是配置文件，以.conf 为文件扩展名，用于动态配置主机协议客户端守护程序（DHCPCD）。这个文件控制树莓派如何获取其网络信息：在默认情况下，将它配置为在网络上查询 DHCP 服务器的动态配置信息，但也可以通过编辑它来手动输入配置信息。

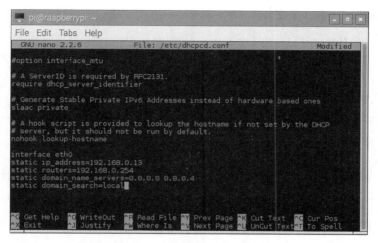

图 5-2　用 nano 编辑/etc/dhcpcd.conf 文件

　　用鼠标滚动到文件的底部，按照以下配置信息，手动添加到配置文件中，同时将其中的网络数据替换为自己的数据。

```
interface eth0
static ip_address=192.168.0.13
static routers=192.168.0.254
static domain_name_servers=8.8.8.8 8.8.4.4
static domain_search=local
```

　　如果树莓派有多个网络适配器，例如带有内置有线和无线网络适配器的树莓派 3，或带有 USB 网络适配器的旧版树莓派型号，可以通过在新的接口行中按照上面的方法依次配置每个适配器。

　　完成网络配置后，使用<Ctrl + O>快捷键编写文件，然后使用<Ctrl + X>快捷键关闭文本编辑器。使用以下命令可以重新启动树莓派的网络堆栈。

```
sudo service networking restart
```

如果你通过安全外壳协议（Secure Shell，SSH）连接到树莓派并且更改了它的 IP 地址，则会断开连接。请稍等片刻，等待树莓派恢复网络连接，然后使用你配置的新 IP 地址重新连接。

5.1.3　测试连接

当完成新的网络配置后，就可以对它进行测试了。其中比较简单的方法是启动 Web 浏览器并尝试访问网站，如果该网站出现了，那么你的网络连接是正常的。

你还可以从命令行测试网络连接。如果你没有打开终端，请先打开终端窗口并输入以下命令。

```
sudo ping -c 1 www.raspberrypi.org
```

该命令将向树莓派网站的服务器发送一个数据包并等待响应。大约一秒之后，你应该会看到来自服务器的响应，确认消息已经收到（见图 5-3）。

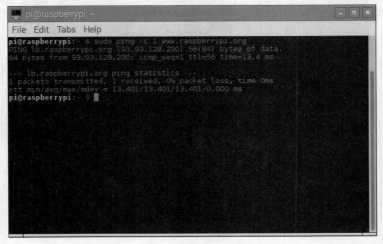

图 5-3　用 ping 命令测试网络连接

如果收到错误消息，则说明配置有问题。消息"网络无法访问"表明你尚未正确配置路由器地址，消息"未知主机"表示你未正确配置 DNS 服务器地址。仔细检查所有设置，如果可能的话，将它们与正确运行的同一网络上的系统进行比较，以找到错误并修复，当然，不要忘了仔细检查两端的网线是否正确插入！

5.2　无线网络

树莓派 3 包括一个板载无线网络适配器，能够连接到 2.4 GHz 频率的 802.11b/g/n 标准网络，也可以在任何其他型号的树莓派上使用 USB Wi-Fi 适配器连接无线网络。在购买适配器之前，请一定确认它与一般的 Linux 和树莓派兼容，特别是树莓派，因为有些适配器只支持特定的操作系统，例如微软的 Windows。

提示　USB Wi-Fi 适配器非常耗电，如果你直接将适配器插到树莓派的 USB 接口上，它很可能没有任何反应。此时你需要先把一个供电 USB 集线器连接到树莓派，然后在该集线器上插入 Wi-Fi 适配器。

在配置无线连接前，你需要知道**服务集标识符**（Service Set Identifia，SSID），即你要连接的无线路由器的**网络名称**。你不但要知道它的名称、它使用的加密方式和所需的密码，还要清楚它是哪种无线网络，否则连接时就会发生错误，如 802.11a Wi-Fi USB 网适配器无法接入 802.11g 网络，反过来也是一样。对于树莓派 3 的板载无线适配器，你可以将它专门用于 2.4 GHz 网络，它不会连接到 5 GHz 网络。

5.2.1　通过 GUI 连接到无线网络

树莓派连接到无线网络的最简单方法是使用 Raspbian 内置的图形工具，它提供了图形用户界面，否则就要使用终端。首先单击时钟附近系统托盘中的网络图标，根据连接到树莓派上的不同设备，它可能会显示一系列越来越大的堆叠半圆用于模拟无线电波，也可能会显示一台计算机。

单击网络图标将显示附近的无线网络列表以及一个或多个图标（见图 5-4）。前面有一个小盾牌的无线电塔图标表示网络是通过加密保护的，需要密码或密码短信形式的密钥才能访问，每个网络 SSID 右侧的一系列堆叠半圆表示该网络连接的强度。与接入点或路由器距离越近的网络连接强度越强，距离越远则网络连接越弱。如果网络只高亮显示图标的底部，则可能网络信号太弱，无法维持稳定的连接。

在列表中找到你的网络选项，然后单击鼠标左键。如果你的网络未加密，附近的任何人都可以在未经许可的情况下使用你的网络，树莓派也将立即连接到网络；如果是加密的，无论是老版的不安全的有线等效加密（WEP）标准、还是更新的无线保护访问（WPA）或 WPA2 标准加密，都会弹出一个请求网络密钥的对话框（见图 5-5）。

图 5-4 用树莓派 3 查看附近的无线网络

图 5-5 输入无线网络密钥

网络密钥是在可访问网络的所有设备之间共享的密钥。如果你要连接到 Internet 服务提供商（Internet Service Provider，ISP）提供的无线路由器，通常会在路由器底部或附带的卡上找到网络密钥；否则，也可以向网络负责人要密钥。请务必小心输入：网络密钥是区分大小写的，一定要准确输入才能成功连接。

如果你认为输入的网络密钥没有问题，请单击"确定"（OK）。如果你收到了错误提示消息，请仔细检查网络密钥并尝试连接到正确的网络：在构建区域中，范围内可能有几十个网络，而且许多 ISP 具有难以区分的通用 SSID。

要测试网络连接，请参见 5.1.3 节。

5.2.2　通过终端连接到无线网络

如果你的树莓派没有使用图形界面，也可以使用终端或控制台接入无线网络。首先使用 iwlist 命令扫描周边的无线接入点，检查无线适配器是否正常工作。iwlist 命令返回的结果可能无法在一屏中显示，这时你可以使用管道 | 和 less 命令，使得满屏后暂停输出，命令如下。

```
sudo iwlist scan | less
```

上述命令输出树莓派能够找到的所有无线网络及其细节信息如图 5-6 所示。如果显示错误信息，例如提示网络或接口已关闭、正在使用 USB 无线适配器的信息，则适配器可能电量不够。你可以通过 USB 集线器重新连接适配器，如果仍然不起作用，则可能它与树莓派不兼容。

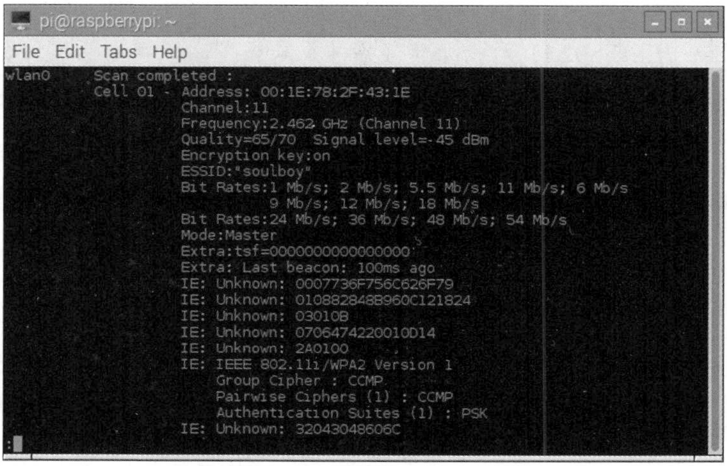

图 5-6　用 iwlist 命令搜索无线网络

你可以使用 iwconfig 命令检查网络的当前状态。与 ifconfig 命令一样，iwconfig 命令允许检查网络接口的状态并发出配置命令。然而，与 ifconfig 命令不同的是，iwconfig 命令是专门为无线网络而设计的，而且包含了针对无线网络的特定功能。在终端输入 iwconfig 命令。

该命令的输出如图 5-7 所示，输出内容包括以下几个部分。

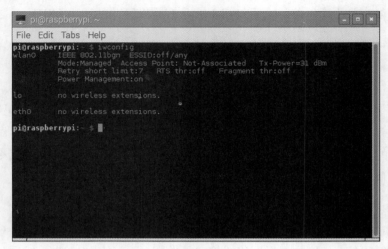

图 5-7　连接到无线网络时的 iwconfig 命令输出

- **连接名称**：与有线网络一样，每个设备都有自己的接口名称。如果接口是无线连接，则会显示其他详细信息。默认的树莓派无线连接名称为 wlan0。

- **标准**：IEEE 802.11 无线标准有各种不同类型，以字母后缀区分。本节列出 USB 无线适配器支持的标准。对于示例适配器，它读取 IEEE 802.11bgn，以获取它可以处理的网络类型。

- **ESSID**：网格适配器连接到的网络 SSID。如果当前网络适配器还没有连到任何一个网络，该条目通常为 off/any。

- **Mode**：网络适配器当前模式。模式一般有以下几种。

  - **Managed**：常规无线网络模式，客户端连接到接入点，大部分家庭或办公网络常用该模式。

  - **Ad-Hoc**：从设备到设备的无线网络，无接入点。

  - **Monitor**：一种特殊模式，其中网卡可以监听所有流量，无论它是否为接收者。该模式通常用于网络故障排除，以捕获无线网络流量。

  - **Repeater**：一种特殊模式，强制无线网络适配器将流量转发到其他网络客户端，以提高信号强度。

- **Secondary**：Repeater 模式的一种，此时无线网络适配器作为备用中继器使用。

■ **Access Point**：无线网卡当前连接到的接入点地址。如果网卡没有连接到无线接入点，将显示 Not-Associated。

■ **Tx-Power**：无线网卡的传输功率。这里显示的数字就是网络适配器发送数据时的功率，数字越大表示信号越强。

■ **Retry**：无线网卡当前设置的传输重试次数。该设置不需要经常变动，有些网卡也不允许变动。

■ **RTS**：网卡当前的请求发送/清除发送（RTS/CTS）握手次数，常用在拥堵网络中避免碰撞。它通常在连接时由接入点设置。

■ **Fragment**：最大分片，在拥堵网络中，用于将数据包分成更小的片段发送，通常在连接时由接入点设置。

■ **Power Management**：当前网卡电源管理状态，当无线网络空闲时用于减少电能消耗。

树莓派上的无线网络配置是使用名为 wpasupplicant 的工具来处理的。使用 wpasupplicant，可以让树莓派接入几乎所有的无线网络，不管无线网络是使用 WPA 还是升级后的 WPA2。你还可以接入早期使用 WEP 加密的网络（尽管该工具名字以 wpa 开头）。

输入以下命令，打开 wpasupplicant 配置文件。

```
sudo nano /etc/wpa_supplicant/wpa_supplicant.conf
```

输入以下两行，这两行同样适用于任何无线网络类型。将"Your_SSID"替换为你希望连接到的无线网络的 SSID，然后使用与你的网络加密类型匹配的信息修改配置文件。

```
network={
[Tab] ssid="Your_SSID"
```

对于具体的配置文件，细节上的不同只取决于你所配置的无线网络类型。以下给出了使用不加密以及使用 WEP 和 WPA 加密网络的参考配置。

1. 无加密

如果你的无线网络没有加密，请按以下步骤修改 wpa_supplicant.conf 文件，最后两行如下。

```
[Tab] key_mgmt=NONE
}
```

使用<Ctrl + O>快捷键保存文件，然后使用<Ctrl + X>快捷键退出 nano。

2. WEP 加密

如果你的无线网络使用 WEP 加密，请按以下步骤修改 wpa_supplicant.conf 文件，最后几行如下。

```
[Tab] key_mgmt=NONE
[Tab] wep_key0="Your_WEP_Key"
}
```

请注意将上面的 Your_WEP_Key 替换成自己的无线网络 WEP 加密的 ASCII 密钥。按<Ctrl+O>快捷键保存文件，然后按<Ctrl+X>快捷键退出 nano。

提示　　　WEP 加密非常不安全，可以在几分钟内随时使用软件破解受 WEP 保护的网络上的加密密钥，允许第三方使用你的网络。如果你仍在运行 WEP，请考虑切换到 WPA 或 WPA2 以获得更好的安全性。

---

3. WPA/WPA2 加密

如果你的无线网络使用 WPA 或 WPA2 加密，请按以下步骤修改 wpa_supplicant.conf 文件，最后几行如下。

```
[Tab] key_mgmt=WPA-PSK
[Tab] psk="Your_WPA_Key"
}
```

注意将上面的 Your_WPA_Key 替换为自己所在网络的密码短语口令。图 5-8 显示了具有 SSID "Guest_Network" 和 WPA 密码短语 "nachos" 的无线网络的示例配置。使用<Ctrl + O>快捷键保存文件，然后使用<Ctrl + X>快捷键退出 nano。

4. 连接到无线网络

现在树莓派无线网络已经配置完毕，但要在树莓派重启后才能成功启用，不想重启的话，可以使用下述命令。

```
sudo ifup wlan0
```

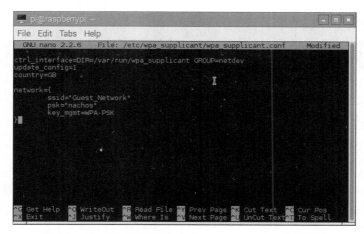

图 5-8   WPA 加密网络的 wpa_supplicant.conf 文件配置

　　现在拔掉你的网线看看无线网络能不能正常工作吧！请拔下树莓派的以太网网线（如果已连接），输入下述命令来检查网络正常与否。

```
sudo ping -c l www.raspberrypi.org
```

提示	在配置 USB 网卡的过程中，如果出现其他问题，可能是由于 USB 设备间存在冲突。已知某些型号的适配器会和一些 USB 键盘发生冲突。

第 **6** 章
树莓派软件配置工具

通过编辑 SD 卡上/ boot 和/ etc 目录中的配置文件就可以控制树莓派，然而对于初学者，这些配置文件看起来还是很复杂的，需要花一些时间来掌握。当然，付出一些代价是值得的，因为一旦会编辑这些配置文件，你就可以开启树莓派中的一些高级功能。

不会编辑配置文件也不要紧，为了简化初学者的操作，树莓派提供了软件配置工具来解决这个问题。通过简单的基于菜单的操作界面就可以修改大多数常见配置，树莓派软件配置工具使初学者可以轻松地调整系统性能、修改内存分配、修改扫描设置以及键盘布局等。

在编写本书时，树莓派软件配置工具 raspi-config 还只是 Raspbian 版 Linux 专享工具。移植到其他操作系统的工作也正在进行中，为享受这些配置工具的便利，我们还是强烈建议初学者使用 Raspbian 版 Linux。

警告　尽管树莓派软件配置工具 raspi-config 以安全可靠地修改配置为设计目的，但是对一些设置选项的修改仍存在风险，如超频可能会导致树莓派无法启动。请确保你仔细读完本章的所有内容后，再使用该工具修改树莓派配置。

6.1　运行 raspi-config

有两种方法可以启动运行树莓派软件配置工具 raspi-config：桌面启动运行或控制台启动运行。如果你在启用桌面的情况下运行树莓派，前者是最简单的方式：只需单击屏幕左上角的"菜单"按钮，向下滚动到"首选项"，然后在弹出菜单中单击"树莓派软件配置"就可以了。

如果你是在未启用桌面的情况下运行树莓派，则可以通过在终端控制台中输入以下命令来运行 raspi-config 工具。

```
sudo raspi-config
```

光标键用来操作 raspi-config 文本形式的菜单界面：上、下方向键可以让红色选择标志在选项列表中的各项之间切换，左右方向键可以在选项列表和它的"选择（Select）"和"完成"（Finish）按钮之间切换。

回车键用来激活红色高亮显示的选项，默认是选择该选项。因此，如果一个选项已经处于高亮状态，就不需要再按右方向键选择"Select"按钮再确认。

桌面版树莓派软件配置工具中的任何选项也可在基于控制台的版本中使用，本章后面将重点介绍如何使用桌面版软件配置工具。

| 提示 | 在任意版本的树莓派软件配置工具中进行更改时，系统都会提示重新启动树莓派来让这些更改激活生效。你可以选择立即重新启动或取消通知以退出应用程序而不重新启动，只是在下次重新启动树莓派之前，更改将不会自动激活。 |

6.2　System 选项卡

树莓派软件配置工具 raspi-config 的窗口分为 4 个选项卡：系统（System）、接口（Interface）、性能（Performance）和本地化（Localisation）。默认选项卡是"System"选项，它提供了各种实用程序，可以根据你的需求配置 Raspbian 操作系统。你可以使用鼠标导航窗口：单击任意按钮来执行该命令，单击文本框来编辑其内容，或者单击"切换"（switch）按钮来打开和关闭设置。

系统菜单分为 8 个部分，如下面所述。

6.2.1　文件系统（Filesystem）

如图 6-1 所示，第一个选项是扩展文件系统（Expand Filesystem），"Filesystem"栏提供了增加 Raspbian 文件系统的功能，以占用 SD 卡上的所有可用空间。如果你已经通过 NOOBS 安装了 Raspbian，则该步骤可以安全地忽略。

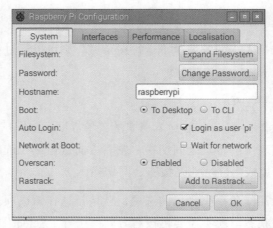

图 6-1　桌面模式下 raspi-config 工具的 "System" 选项卡配置界面

要运行文件系统扩展，请单击 "Expand Filesystem" 按钮。只有在 micro-SD 卡上手动安装了 Raspbian 时才需要这样做，如果你使用的是 NOOBS 安装程序，则文件系统的大小已经扩展到最大。单击 "Expand Filesystem" 按钮后，一旦初始调整完成，则必须重新启动树莓派，才能完成文件系统的调整。

当树莓派重启时，会进行文件系统扩展，大而慢的卡扩展花费的时间要长些。这个过程不能中断，如果在此过程中断电，那么文件系统会被损坏，SD 卡上的文件可能会丢失，导致你不得不重装操作系统。但不用太过担心，SD 卡本身不会损坏。

6.2.2　密码（Password）

Raspbian 默认有一个名为 pi 的非特权账户，默认密码为 raspberry，大部分日常单机操作使用该账户就足够了，虽然这适用于私人使用，但如果你将树莓派连接到公开访问的网络上，包括 Wi-Fi 热点或其他互联网连接，最好还是修改一下这个默认密码，以提高安全性，特别是考虑到 Raspbian 的 Secure Shell（SSH）服务器运行在默认情况下是允许从本地网络远程登录的。

你可以使用 passwd 命令手动更改密码（有关详细信息请参见第 3 章），但初学者可能会发现使用树莓派软件配置工具 raspi-config 更改密码更容易：在 "密码（Password）" 一栏单击 "更改密码"（Change Password），为当前用户输入新密码，但请一定不要忘记密码，否则，重新登录很难！

6.2.3　主机名（Hostname）

系统的主机名用于在网络上标识自身的名称。在树莓派上使用控制台或终端时，主机名作为接受命令提示符的一部分。主机名应该是唯一的，如果你的网络上有多个树莓派主机名一样，那么会造成冲突。你可以使用树莓派软件配置工具 raspi-config 的"Hostname"选项随时更改树莓派的主机名。

在主机名"Hostname"的文本框中输入新主机名时，你需要先了解主机名的命名规则。主机名命名要符合国际标准，即一组称为 Request For Comments 或 RFC 的标准，因此不允许使用某些字符，主机名应仅包含字母和数字，可以包含连字符，但它们不能在开头或结尾，而且不能包含空格。

你可以用描述性的词语来命名主机名，例如 living-room-pi 或根据某个主题命名主机名，例如你喜欢科幻电影，可以用 bladerunner 作为主机名，之后使用"确定"（OK）按钮确认更改，但在重新启动树莓派之前，新主机名将不会生效。

6.2.4　启动（Boot）

通常情况下，Raspbian 会自动加载到桌面的图形用户界面中，这样设计的原因是为了让树莓派尽快进入可用状态。树莓派的很多常见应用（例如用作 Web 服务器、视频监控）完全无须进入图形界面，基于文本命令行形式的控制台方式更好些，这样可以加快加载树莓派所需的时间，节省内存。

"Boot"栏有两个选项："To Desktop"和"To CLI"。单击"To Desktop"旁边的圆形单选按钮将使树莓派自动启动到图形用户界面，单击"To CLI"旁边的单选按钮将使树莓派保留在控制台上，直到使用 startx 命令手动加载启动桌面。

6.2.5　自动登录（Auto Login）

默认情况下，Raspbian 会在系统启动时自动以"pi"用户名登录。这使得树莓派可以更快地进入可用状态，因为"pi"用户不需要密码登录；如果你在共享环境中使用树莓派，它还会引入潜在的安全问题。

单击标记为"用户 pi 登录"（Login as user pi）的对话框来删除复选标记，意味着每次打开或重启树莓派时都必须输入用户名和密码。这个选项最好与更改用户密码的选项结合使用：这样就不会总是使用默认用户名 pi 和密码 raspberry 来登录树莓派！

6.2.6　启动时的网络（Network at Boot）

为了使树莓派尽快进入可用状态，Raspbian 在继续引导之前并不需要等待网络连接的出现。正常情况下，这没什么问题，但是，如果你使用树莓派提供特定的网络服务，它可能会导致在启动加载应用程序时出现问题并预示网络连接尚未就绪。

要解决这个问题，只需单击"等待网络"（Wait for network）复选标记框勾选添加即可。但是要注意，如果网络不可用，这将延迟树莓派启动引导过程。

6.2.7　扫描（Overscan）

许多电视机都有"过扫描"选项，它表示电视机的可视区域比传输过来的画面要稍小一点，在广播电视中，它通常用于隐藏诸如时间码信息等附加数据，但在计算机中，它可能会导致显示的边缘被隐藏。相比之下，使用现代显示器，可以通过附加的数据显示以前隐藏的边缘。

你可能需要调整"过扫描"，原因有以下两种。一是树莓派中的图像画面四周有黑边，在这种情况下，此时你需要调小或关闭"过扫描"选项；二是如果树莓派的显示画面超出了可见边缘，在这种情况下你需要调大"过扫描"选项。如果你使用树莓派的复合视频输出（参见第 2 章）到旧电视机上，你更应该调整该选项。

在桌面版的树莓派软件配置工具中，只能启用或禁用过扫描。你可以通过单击"Overscan"部分中两个选项旁边的单选按钮，单击"OK"应用，然后重新启动树莓派来执行该操作。如果想控制过扫描的大小从而增大旧电视机的可视区域面积，请参见第 7 章。

6.2.8　Rastrack

Rastrack 是由 Ryan Walmsley 为树莓派创建的一个交互式地图，它可以显示树莓派的用户在世界上的分布。本服务由志愿者提供，和树莓派基金会没有直接关系。

为了能够让自己的树莓派显示在 Rastrack 地图上，你必须注册树莓派。这个过程是可选的，如果你担心泄露隐私，可以跳过该步骤，这不会影响树莓派的特色和功能。如果你想让你的树莓派在地图上显示，用鼠标单击树莓派软件配置工具

"raspi-config"中"Rastrack"部分的"Add to Rastrack"按钮，然后按回车键即可。

按回车键确认你已经阅读过之后显示的信息，然后在"Username"（用户名）字段中输入你的名字或昵称，在"Email Address"（邮件地址）字段中输入你的E-mail 地址，最后单击"确定"（OK）将你的树莓派加入地图。你不需要输入自己的位置，树莓派会根据你的网络连接判断出你的位置并放在地图上。这个位置并不会精确到街道级别，而是一个大致的位置。

6.3 Interfaces 选项卡

树莓派软件配置工具 raspi-config 的下一个选项卡是"Interfaces"，它用来配置由树莓派驱动的片上系统处理器的各种辅助接口（见图 6-2），可以配置为"Enabled"或"Disabled"。如果你要向树莓派添加新硬件，则需要配置这一选项，特别是通过 CSI 或 GPIO 端口向树莓派添加新硬件，通常，新硬件附带的说明文档会告诉你是否需要启用默认关闭界面。你可以通过单击其名称旁边的"Enabled"或"Disabled"单选按钮来切换任何接口，但在重启树莓派之前该功能不会生效。

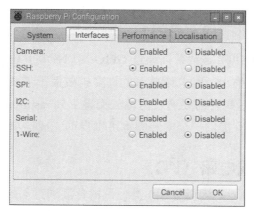

图 6-2　raspi-config 工具的"Interfaces"选项卡配置界面

警告　禁用当前活动的接口将会使依赖该接口的硬件在下一次重新启动树莓派时停止工作。要解决该问题，需要在重新启动树莓派之前返回树莓派配置工具 raspi-config 界面，单击"Interfaces"选项卡，重新启用该接口，然后单击"OK"按钮即可。

6.3.1   摄像头（Camera）

只有当树莓派装有摄像头模块（参见第 15 章）时，该选项才是可用的。如果要从树莓派中删除摄像头模块，可以使用树莓派配置工具 raspi-config 的 "Camera" 选项再次禁用它。严格地说，本步骤不是必需的，即使摄像头没有连接，这里启用摄像头对树莓派也没有危害，只是保持了配置的完整性。

6.3.2   SSH

SSH（Secure Shell）是一种通过网络访问树莓派终端的重要方式，在树莓派和能够运行 SSH 客户机的任何其他计算机之间创建加密连接。当树莓派作为独立服务器使用时，我们可以使用 SSH 远程控制，在这种情况下，树莓派不需要键盘和显示器，也就是所谓的 "无头系统"（Headless System）。通过 SSH，用户可以访问树莓派终端，也可以在用户和树莓派之间传输文件。

默认情况下，树莓派上的 SSH 服务器是启用的。如果不想使用 SSH，你可以在 "SSH" 选项里禁用它，以节省少量内存并减少系统在共享网络上的不安全性。如果启用 SSH 服务器，请确保在 "System" 选项卡更改密码，以保证树莓派安全！

6.3.3   串行外围接口（SPI）

串行外围接口（SPI）是树莓派通过 GPIO 端口控制其他外设或与其他外设通信的通信标准（参见第 14 章），树莓派的许多扩展板都需要 SPI 支持，检查硬件附带的说明文档，看看是否需要通过树莓派配置工具 raspi-config 手动启用 SPI 支持，或者供应商是否有提供一个安装脚本可以自动完成这项工作。

6.3.4   内部集成电路（I^{2}C）

内部集成电路（I^{2}C）接口与 SPI 类似，树莓派通过 GPIO 端口控制或与外部硬件通信。不使用 SPI 的扩展板通常使用 I^{2}C 接口方式。与 SPI 一样，检查硬件中附带的说明文档，看看是否需要通过树莓派配置工具 raspi-config 手动启用 I^{2}C 支持，或者供应商是否有安装脚本可以自动完成安装。

6.3.5   串行连接（Serial）

默认情况下，树莓派使用 GPIO 端口上的串行连接（Serial）来提供一个终端，你可以通过该终端登录并控制树莓派而无须连接显示器。一些扩展板将该串行连接用作其他功能，例如驱动外部显示器，在这种情况下需要禁用串行接口。但是，在禁用它之前，请查看硬件的说明文档，有些扩展板需要完全禁用接口，而有些扩展板只需更改其配置。

6.3.6　单总线接口（1-Wire）

单总线接口（1-Wire）是 I^2C 和 SPI 的另一种选择，提供与传感器和其他外部硬件的连接和通信。通常使用一根线来连接简单的传感器，例如用于读取环境温度或湿度的传感器和树莓派连接，扩展板很少使用单总线。如果你使用带有树莓派的 GPIO 端口的单总线设备，请确保启用该选项。

6.4　Performance 选项卡

树莓派配置工具 raspi-config 的 Performance 选项卡提供了一些设置选项，可以通过设置处理器超频或增加 GPU 内存来提高树莓派的处理能力（见图 6-3）。它可以帮助提升树莓派的性能，但也存在一定的风险。

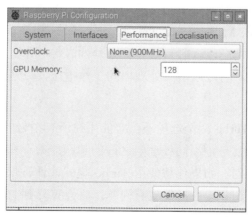

图 6-3　raspi-config 工具的"Performance"选项卡配置界面

6.4.1　超频（Overclock）

超频是指设备以高于制造商限定的速度运行的过程。树莓派的片上系统处理器能以比默认运行速度更快的速度来运行，以提高系统的性能。然而，超频运行是有代价的，处理器超频运行会使芯片更热，会消耗更多的电，而且可能会缩短树莓派的使用寿命。

　　尽管可以手动更改处理器的性能配置（参见第 7 章），但最安全的方法还是使用树莓派配置工具 raspi-config。你只能在 raspi-config 限定的安全频率下进行选择，这些设置适用于大多数树莓派。选择什么样的配置选项取决于你使用的树莓派型号，新型号的树莓派默认运行速度比旧型号快，因此对于新型号树莓派，raspi-config 中相应的可用配置选项更少。

警告　raspi-config 中可用的超频设置一般是安全的，不影响保修。但是并不是所有的树莓派都能以最高的频率运行，如果发现你的树莓派超频运行后不稳定，特别是 SD 卡上的文件经常出问题，那么请将你使用的时钟频率降低一点，或者调回到树莓派的默认速度。

　　如果要使树莓派超频运行，请单击"Overclock"选项中的下拉框并选择一个合适的频率选项。树莓派的默认频率为标有 None 字样的标签选项。更高的频率选项也都标有标签，标签说明你所尝试的超频程度。

　　如果你想试一试超频，请单击下拉列表中的某个选项，根据树莓派的型号不同，它可能包括 None、Modest、Medium、High 和 Turbo 几种设置选项，其中 Modest 可以用于几乎所有的树莓派，它仅仅将处理器的时钟频率提高一点。很多人还可以选择使用 Medium，它可以增大处理器的工作电压，以达到更快的运行速度并提高内存速度。

　　剩下的 High 和 Turbo 两个选项不一定能用在所有型号的树莓派上。树莓派处理器里面的电路非常复杂，不同处理器之间的超频能力存在差异，甚至同一批生产的树莓派都存在差别。如果你想使用 Turbo 模式，请确保你备份了树莓派中所有重要的文件。如果超频运行后发现有问题，将设置降到 High 这个选项或更低，那么你的树莓派就会恢复正常。

　　"Performance"选项卡中所做的所有更改只在下次树莓派重新启动时生效。如果你选择了一个高于树莓派能够接受的频率，树莓派很有可能无法正常启动。如你发现树莓派启动时黑屏或反复重启，那说明你选择的频率过高。开机的时候按住 Shift 键，将会临时跳过频率调整设置过程，而以默认出厂频率加载系统。一旦树莓派正确启动，就放开 Shift 键并登录，然后打开 raspi-config 进入 "Overclock" 超频菜单选择一个更合适的设置。

6.4.2 GPU 内存

根据树莓派型号的不同，你的系统可用内存可能是 256 MB、512 MB 或 1 GB。这些内存主要用于片上系统的**中央处理器（CPU）**和**图形处理器（GPU）**，因此要在二者之间合理分配内存。默认情况下，在大多数模式下，GPU 占用 128 MB 内存，在具有 256 MB 内存的型号上保留 64 MB 内存给 GPU，而剩下的内存全部用于 CPU。

如果你不使用 GPU，例如树莓派作为 Web 服务器、不接显示器的时候，你可以减少分配给 GPU 的内存数量。此时单击 raspi-config 中 "GPU Memory" 选项旁边的文本框，然后输入一个新的数字。注意你最少要为 GPU 保留 16 MB 的内存，只需输入 16 即可。如果你的树莓派有 512 MB 或 1 GB 内存，可以为 512 MB 的树莓派分配高达 448 MB 的内存给 GPU 或为 1 GB 的树莓派分配 880 MB 的内存给 GPU，从而提高 GPU 性能，使其更好地渲染 3D 游戏画面。

你也可以选择其他数值，不过注意每次的数值都应该是前一次的两倍，例如 16 MB 可以增长到 32 MB，32 MB 增长到 64 MB，64 MB 增长到 128 MB 等，依此类推。你也可以选择一个奇数值，例如 17 MB，这也不会对树莓派造成危害，树莓派实际使用时会自动调整到最接近的数值。

与 "Overclock" 选项一样，树莓派会在下次重新启动之后更新设置，使其生效。

6.5 Localisation 选项卡

"Localisation" 选项卡为不同国家/地区用户的不同需要提供了配置选项（见图 6-4）。默认情况下，Raspbian 的语言设置为英语、时区设置为 UTC 和键盘布局为 QWERTY。其他国家/地区的用户可能会发现键盘上的某些按键敲出来字符的不是想要的字符，特别是那些使用非 QWERTY 键盘布局（例如 AZERTY 或 QWERTZ 键盘布局）的用户。

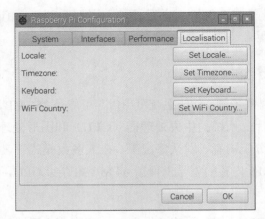

图 6-4　raspi-config 工具 "Localisation" 选项卡配置界面

6.5.1　Locale

单击"Locale"部分中的"Set Locale…"按钮，可以看到树莓派可用的所有语言、国家/地区和字符集的列表。下拉框列表内容非常广泛，包括了大多数常用语言。

1．语言（Language）

下拉框中的每种语言都是以特定的方式命名。开头的字母是操作系统使用的语言代码，括号中的名称表示该语言的名称。用鼠标滚动列表，然后单击选中你要作为树莓派默认使用的语言。

2．国家/地区（Country）

语言设置独立于国家/地区设置，使用鼠标选择你所在的国家/地区，使操作系统定制某些设置，例如显示货币的方式等。

3．字符集（Character Set）

计算机上的每种语言都有一个或多个与之相关的字符集，这是可以用该语言显示的字母、数字和符号的列表。大部分语言都不止一种编码方式，但是最常用的还是 UTF-8，它指定用 Unicode 转换格式 8 位编码，这也是国际上通用的编码标准。

通过单击"Locale"窗口上的"OK"按钮确认这些子菜单中的选择，然后再单击主配置窗口的"OK"按钮来应用它们。与大多数设置一样，只有重新启动树莓派时，新的设置才会完全生效。

提示	修改系统语言环境，并不能把所有的应用程序中的文字转换为本地语言显示，需要应用程序支持才会起作用。否则，文字内容默认显示为英语文本。修改语言环境也并不会改变命令的表述方式，如不管语言环境如何，echo 命令还是要输入"echo"这个单词。

6.5.2　时区（Timezone）

树莓派的系统时钟默认为格林尼治时间。如果你生活在一个和格林尼治不同的时区，树莓派显示的时间会有点错误。单击"Set Timezone…"按钮会弹出一个辅助窗口，其中还有两个选项"Area"和"Location"。

1. 区域（Area）

"Area"下拉框列出了大西洋、美国和欧洲等地理区域。使用光标键选择本地区域，然后按回车键。该列表还包括一些非地理选项，你可以直接设置时区，例如 EST、CET 和 GMT。通过在此处选择通用"Etc"选项并从"Location"下拉列表中选择时区，可以更容易地查看这些选项。用鼠标滚动查看列表，然后单击来进行选择。

2. 位置（Location）

选中一般地理区域后，单击"Location"下拉列表，弹出该区域的本地城市列表。如果你的城市不在其中，你可以选择离你最近的城市。如果在"Area"下拉列表中选择了"Etc"选项，"Location"部分将显示你可以手动选择的时区列表。但是这样做时，系统将不能自动调整系统时钟以适应本地夏令时的更改。

6.5.3　键盘（Keyboard）

这是国际化菜单中最重要的一个选项，默认情况下，树莓派配置为英国英语键盘，即标准的 QWERTY 键盘布局。如果你使用的是一个不同的键盘，例如 QWERTZ、AZERTY、Dvorak 或 US 键盘布局，请单击"Set Keyboard…"按钮从而弹出一个新窗口，你可以在其中进行选择和测试（见图 6-5）。

1. 国家/地区（Country）

在"Keyboard Layout"窗口的"Country"区域中，单击选择你所在的国家/地区或以键盘布局代表相应的国家/地区。

图 6-5 raspi-config 工具的"Keyboard Layout"窗口界面

2. Variant

选择一个国家/地区后,查看窗口右侧的"Variant"列表,选择和你相匹配的键盘布局。如果你不确定,可以单击最近的一个并尝试在标有"Type here to test your keyboard"的框中输入内容。如果你发现输入的内容与显示的内容不匹配,特别是与符号键(如单引号和双引号键)不匹配,那么请从列表中选择其他键盘布局,直到匹配为止。

单击"Keyboard Layout"窗口上的"OK"按钮可以更改应用,然后在树莓派配置工具 raspi-config 的主窗口上单击"OK"按钮再次确定更改应用。

3. WiFi Country

Wi-Fi 允许以特定的频率传输,分为不同的频道。可用的信道由通信当局管理,各地区的情况各不相同。单击"Set WiFi Country"按钮,然后从显示的下拉对话框中选择你所在的国家/地区。

注意,选择错误的国家/地区可能会导致 Wi-Fi 以未经许可的频率进行传输。因此,在使用树莓派之前,请确保选择正确!

第 **7** 章
树莓派高级配置

由于源自嵌入式计算，树莓派的核心组件 BCM2835 芯片不像 PC 的**基本输入输出系统**（**Basic Input-Output System，BIOS**）那样可以提供很多可选的底层配置选项，它是在启动后通过加载一些文本配置文件来配置树莓派的。

在说明 config.txt、cmdline.txt 配置文件中的配置项前，我们还是要不厌其烦地强烈警告你：修改有风险，编辑要谨慎。不正确的修改，轻则导致系统无法启动，重则会损坏你的系统。本章在说明具体配置的时候，存在潜在风险的地方都会给出相应的提示。

提示	如果你正在使用 Raspbian 发行版，修改常用配置最简单的方法是使用 raspi-config（参见第 6 章）。下面的内容提供给使用其他发行版或更喜欢手动配置的人们。

7.1 使用 NOOBS 编辑配置文件

如果想要在树莓派操作系统无法正确启动的情况下编辑配置文件，那么恢复这些配置文件的最简单方法是使用 NOOBS 软件（参见第 2 章）。如果树莓派的操作系统是使用 NOOBS 安装的，你可以使用 NOOBS 来修改配置文件（参见第 2 章）。但如果操作系统是你手动安装的，就需要拔出 SD 卡，使用另外一台计算机来编辑 SD 卡里面的配置文件。

当你使用 NOOBS 安装完操作系统之后，如果想进入 NOOBS，只需要在树莓派开机的时候按下 Shift 键。此时，系统就会进入 NOOBS，你可以看到顶部菜单中多了一个"编辑配置"（Edit Config）按钮（见图 7-1）。

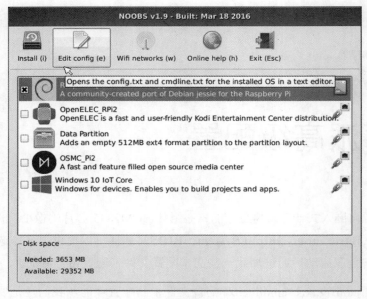

图 7-1 NOOBS 中的"编辑配置"（Edit Config）按钮

　　单击"Edit Config"按钮（或者按 E 键），在弹出的列表中选择一个已安装的操作系统后，将会打开一个文本编辑器窗口（见图 7-2），可以看到两个配置文件 config.txt 和 cmdline.txt。你可以按本章的说明使用键盘和鼠标修改这两个配置文件，然后单击下方的"确定"（OK）按钮将更改保存到 SD 卡，完成后单击主窗口上的"退出"（Exit）按钮，树莓派将会使用修改过的配置启动。

图 7-2 在 NOOBS 中编辑配置文件

提示	如果你有一台连网的树莓派，也可以单击"Online help"按钮或者按 H 键打开 Web 网络浏览器，进入树莓派的帮助页面。如果你的树莓派无法正常工作，这里提供的帮助是非常有用的，你可以查找帮助信息或发布问题到网上来解决问题。

7.2 配置硬件：config.txt

树莓派的硬件配置存放在 config.txt 文件里，该文件位于/boot 目录下（见图 7-3）。config.txt 文件说明树莓派怎样配置输入设备和输出设备，BCM283x 芯片中的 CPU 和内存频率控制也在该文件中。

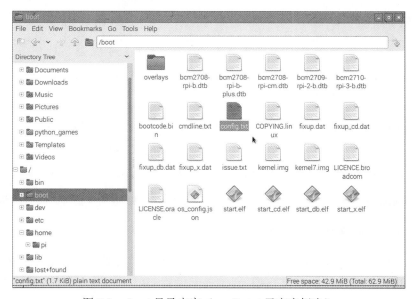

图 7-3　/boot 目录内容（config.txt 已高亮标出）

如果你的图像输出有问题，例如画面未能铺满屏幕或者画面超出了屏幕边界，可以在 config.txt 中调整相应的配置项来修复这个问题。正常情况下，config.txt 是空白文件，甚至有些 Linux 版本中压根就没有该文件，这意味着树莓派使用的是默认配置。如果你想修改这个文件但这个文件在系统中根本就没有，只要用 config.txt 这个名字创建一个新文件就可以了，同时在文本中填写要更改的设置。

config.txt 文件几乎可以控制树莓派的所有硬件，它只有在系统首次启动的时候才会读入，此后对该文件的任何改变都只有在系统重启后才会生效。如果改变不是你想要的，只要将这个文件删除，系统就会还原成默认设置了。如果你改动后，树莓派没法启动了，取出 SD 卡找一台能读写 SD 卡的计算机删除 SD 卡中 boot 分区下的 config.txt 文件，然后重新插入树莓派就可以启动了。

7.2.1 显示设置

通常情况下，树莓派会自动检测显示器的类型并修改配置，但有时自动检测的结果可能不正确。当树莓派与旧电视机连接时，情况往往如此。如果你的树莓派连接到电视机上但没有任何显示的话，你需要考虑手动修改树莓派的显示配置。

config.txt 中的一些配置项是用来改变、改进视频输出的，这些配置项和其对应的值如下。

> **警告** 手动调整 HDMI 或复合视频输出设置可能会导致树莓派无法与显示器正常通信，通常应使用自动检测到的设置，除非一开始就无法看到图片。

- **overscan_left**：该项用来将画面整体向左侧移动一定长度，以像素为单位，用来补偿电视机的过度扫描。如果树莓派的显示超出了屏幕的边界，调整 overscan 选项可以修正这种情况。配置项对应的值是需要移动的像素的数量。

- **overscan_right**：该项用来将画面向显示器右方移动一定长度，以像素为单位。

- **overscan_top**：该项用来将画面向显示器上方移动一定长度，以像素为单位。

- **overscan_bottom**：该项用来将画面向显示器下方移动一定长度，以像素为单位。通常，所有过扫描 overscan_设置的值都相同，在显示屏周围创建一个常规边框。

- **disable_overscan**：如果你使用 HDMI 接口连接到显示器或电视机上，或许你会发现画面四周有黑边存在，为了避免黑边，可以通过将该值设为 1 来把默认 overscan 选项关闭。

- **framebuffer_width**：该项用来调整输出画面的宽度，对应的单位为像素。如果屏幕上的文字太小，可以将该值设置成一个比连接到的显示器默认宽度更小的值。

- **framebuffer_height**：该项对终端画面大小的影响类似于 framebuffer_width，只不过是垂直方向的。

- **framebuffer_depth**：控制终端画面的颜色深度，单位为位/像素，默认为 16 位，可显示 65 536 色。该项还可以设置为 8 位（256 色）、24 位（约 1 670 万种颜色）或 32 位（约 10 亿种颜色），但可能导致图像损坏。

- **framebuffer_ignore_alpha**：当配置项对应的值为 1 时，禁止使用控制透明度的 alpha 通道。禁止 alpha 通道不是必需的，但是当 framebuffer_depth 设置为 32 位/像素时能用来纠正许多图像错误。

- **sdtv_mode**：该项影响树莓派的模拟复合视频输出信号，需要根据各国使用的电视制式进行修改。默认情况下，树莓派使用北美的 NTSC 视频标准，其他国家/地区会有所不同，常见的值有以下几种。

  - **0**：NTSC，北美视频标准。

  - **1**：NTSC-J，日本视频标准。

  - **2**：PAL，英国和其他视频标准。

  - **3**：PAL-M，巴西视频标准。

- **sdtv_aspect**：该项控制模拟复合输出画面的宽高比。如果输出的画面比例不正常，可以根据你使用的显示器的宽高比来修改这个值。常见的值有以下几种。

  - **4∶3**：一般较旧的电视机使用该比例。

  - **14∶9**：较小的宽屏电视机常用该比例。

  - **16∶9**：当前大多数宽屏电视机使用该比例。

- **hdmi_mode**：除了为模拟复合输出设置视频模式外，它还可以用来覆盖 HDMI 接口的自动分辨率检测结果。如果你的树莓派使用的分辨率比显示器支持的分辨率更低，该配置项非常有用，附录 C 给出了该项所有可能的值。

- **hdmi-drive**：该项可以用来改变 HDMI 接口的电压输出，在你使用 HDMI-DVI 转接口的时候非常有用，因为 HDMI 和 DVI 电压稍有不同。当你看高亮的图像时画面有雪花或者有发散线状，可以试着改动这个配置项。该值可能的数字有以下几种。

- ● 1：DVI 输出电压。在该模式下，HDMI 输出中不包含音频信号。

- ● 2：HDMI 输出电压。在该模式下，HDMI 输出中包含音频信号。

- ■ **hdmi_force_hotplug**：该项强制树莓派使用 HDMI 接口，即使树莓派没有检测到显示器连接，仍然使用 HDMI 接口。该值为 0 时允许树莓派尝试检测显示器；当该值为 1 时，强制树莓派使用 HDMI 接口。

- ■ **hdmi_group**：该项设置 HMDI 组模式为 CEA 或 DMT，在使用 hdmi_mode 来控制输出方案和频率前，你需要根据 HDMI 接口连接的显示器来设置该值，常见的两个值如下。

  - ● 1：按 CEA（美国消费电子协会）指定的标准设置 HDMI_group。当树莓派通过 HDMI 连接到高清电视（HDTV）并且使用附录 C 中的第一设置列表中的模式时，使用该值。

  - ● 2：按 DMT 旗下的 VESA（视频电子标准协会）制定的标准来设置 HDMI group。该配置项值一般在当树莓派使用 DVI 连接到计算机显示器并且使用附录 C 中的第二设置列表中的模式时使用。

- ■ **hdmi_safe**：该项强制树莓派使用预置的 HDMI 设置来提供最大的兼容性。这里的值设为 1 等价于 hdmi_force_hotpug = 1，config_hdmi_boost = 4，hdmi_group=1，hdmi_mode=1 和 disable_overscan=0。

- ■ **config-hdmi_boost**：当一些显示器使用 HDMI 接口连接时，需要较多的电量来运行。如果你的画面上有雪花，可以试着增加该项的值，增加范围为 1（用于短电缆）～7（用于长电缆）。

config.txt 中的每一配置项都应为单独一行，前面是配置项名称，后跟等号，然后才是配置项对应的值。例如，让树莓派使用 PAL 格式、屏幕比例 4∶3、每边 20 像素的 overscan 的电视机作为显示输出设备，则需要将下面几行放到 config.txt 中。

```
sdtv_mode = 2
sdtv_aspect = 1
overscan_left = 20
overscan_right = 20
```

```
overscan_top = 20
overscan_bottom = 20
```

让树莓派通过 HDMI 接口使用 DVI 显示设备，格式为 720p60，没有 overscan，就要使用下面几行代替上面几行。

```
hdmi_group = 1
hdmi_mode = 4
hdmi_drive = 1
disable_overscan = 1
```

你需要重启树莓派，使设置生效。如果你的修改使得显示器无法显示，请把 SD 卡插入另一台计算机，然后重新修改 config.txt 中的设置，或者直接删除该文件（但这会重置为默认值）。

7.2.2 启动设置

你可以使用 config.txt 文件来控制树莓派加载 Linux 的方式。尽管控制 Linux 内核加载的最常用方法是使用一个名为 cmdline.txt 的单独文件（稍后在本章后面进行介绍），但是还有部分配置项在 config.txt 中。这些控制引导配置项有以下几个。

- **disable_commandline_tags**：该项告诉 start.elf 模块在加载 Linux 内核前不要填充 0x100 之后的内存。该项不能设置成禁止，否则 Linux 会加载失败。

- **cmdline**：该项包含要传递给 Linux 内核的命令行参数的文本文件名称。它可以用来代替 cmdline.txt 文件，该文件通常位于/ boot 目录中。

- **kernel**：该项为要加载的内核文件名称。

- **ramfsfile**：该项为要加载的初始 RAM 文件系统（RAM File System，RAMFS）的名称。除非你有一个充分测试过的新的初始文件系统，否则不要改动该配置项。

- **init_uart_baud**：该项设置串口的频率，单位是 bit/s，默认数值为 115 200。如果将树莓派连接到较老的串口终端上，那么较低的值能提高连接成功率。

- **enable_uart**：默认情况下，树莓派 3 没有活动的串口终端。要启用它，请在该选项后加 1，树莓派 3 的串口终端与其他早期型号一样。

7.2.3　树莓派超频

config.txt 文件不仅能控制树莓派的 BCM823x 片上处理器的图形输出，还能允许你开启芯片的其他功能，尤其允许你改变芯片的运行速度，以牺牲芯片的使用寿命为代价来提高性能，这一过程称为**超频（overclocking）**。

警告	本节给出的配置调整会对树莓派构成危害，特别是改变 CPU 或 GPU 电压后的树莓派将无法保修，即使你将电压重新调整回去也不能保修。树莓派基金会和零售商不对超频造成的后果负责，如果你考虑到保修因素，超频得到的性能提升可能不值得你冒这个险。

BCM2835 多媒体处理器是树莓派的核心芯片，是一种片上系统（SoC），主要包括图形处理器 GPU 和中央处理器 CPU 两部分。简而言之，CPU 处理日常事务，而 GPU 处理所有绘图操作，包括 2D 和 3D 绘图。

使用 config.txt，你可以对 BCM2835 的一个或两个部分进行超频，还可以提高内存模块运行速度，内存以封装体叠层（PoP）安装格式位于芯片顶部。

提高 CPU、GPU 和 RAM 等组件的频率能够轻微提升树莓派的性能，GPU 的超频意味着 3D 绘图将会渲染得更频繁，CPU 的超频可以加速所有和 CPU 打交道的设备的性能，同时提高 RAM 的刷新频率。

树莓派不提供较高的频率，主要是考虑芯片的寿命。BCM2835 的制造商博通认为该芯片频率在 700～1 000 MHz 时最稳定，具体取决于其版本，较新的 BCM2836 和 BCM2837 芯片则能以更高的速度运行。一旦速度超出了官方规定的频率，尽管它仍然能够工作，但是芯片的寿命会产生不可逆转的损害。与台式计算机处理器不同，SoC 设计超频空间很小。

1.　超频设置

如果你想冒着树莓派变"砖块"的危险来获取性能的提升，可以修改 config.txt 中的相关配置，包括以下几点。

- **arm_freq**：该项用于设置 BCM2835 的 CPU 的核心时钟频率，以提高通用性能。默认频率取决于树莓派的型号。

- **gpu_freq**：该项用于设置 BCM2835 的 GPU 的时钟频率，提高绘图性能。

默认频率为 250 MHz。另外，你也可以使用下述选项调整 GPU 硬件内部个别组件的频率。

● **core_freq**：设置 GPU 的核心时钟频率而不改动其他组件频率，能够提高整个 GPU 的性能。默认频率取决于树莓派的型号。

● **h264_freq**：设置 GPU 的视频解码器的时钟频率，从而提高 H.264 视频数据的反馈率。默认频率取决于树莓派的型号。

● **isp_freq**：设置图像感应器流水线的时钟频率，从而提高连接的视频设备的捕获率（例如摄像头）。默认频率取决于树莓派的型号。

● **v3d_freq**：设置 GPU 的 3D 渲染设备的时钟频率，从而提高视觉表现和游戏性能。默认频率取决于树莓派的型号。

■ **sdram_freq**：该项用于设置 RAM 芯片的时钟频率，能够轻微提升树莓派整个系统的性能。默认频率取决于树莓派的型号。

■ **init_uart_clock**：该项用于设置**通用异步收发传输器**（Univeisal Asynchronous Receiver/Transmitter，UART）的时钟频率，用来控制串行终端。默认时钟频率为 3 MHz。修改本项可能对解决串口输出冲突没有用处。

■ **init_emmc_clock**：该项用于设置 SD 卡控制器的默认时钟速度，默认是 80 MHz。增加该值可以使得 SD 卡的读取和写入速度变快，但是也会增加数据出错的可能。

下面给出一个超频的例子，如果要将树莓派 Model B+的 CPU 超频到 800 MHz，GPU 超频到 280 MHz，RAM 超频到 420 MHz，请在 config.txt 里输入下面几行，其中每行一项。

```
arm_freq = 800
gpu_freq = 280
sdram_freq = 420
```

所有显示配置的调整都要在树莓派重启后才会生效。如果要恢复到原来的设置，你只需要删除整个 config.txt 文件或者删除新加的超频相关的几行，然后重启树莓派。

如果你对树莓派超频导致它无法启动，可以拿出 SD 卡放到另外一台计算机中修改配置文件后重试，也可以在树莓派启动时按住 Shift 键禁止使用最新配置，使树莓派以正常时钟频率运行。如果要在不删除行的情况下禁用 config.txt 中的任何选项，请在行的开头设置一个 #（hash 命令）字符将其注释即可。

2. 过压设置

如果你让树莓派超频，可能最终会遇到一些问题，设备无法正常工作。树莓派能否超频取决于出厂时的芯片频率是否允许改变。某些用户手中的树莓派芯片频率锁定为 800 MHz，而有些用户让自己的树莓派冲上 1 GHz 也没有问题。

如果你的树莓派芯片不支持超频，而你又想提高一点点树莓派的性能，有一种称为过压或过压过程的方法可以帮助你。树莓派的 BCM283x 片上系统处理器和相关的存储器模块一般的工作电压为 1.2 V。虽然过压运行不可取，但过压设置可以强制组件在更高或更低的电压下运行。通过提高电压能够强制芯片运行速度更快，同时这也会使芯片变热，减少处理器的寿命。

警告　在 config.txt 中修改电压选项所导致的 BCM2835 保险丝熔断是无法重置的。尝试将芯片超频到超过规定的频率绝对是愚蠢的做法，这会使你的保修单无效，即便故障的原因和超频无关。如果你拿着保修单和保险丝熔断了的树莓派来找我们，也不会予以更换。如果你不想承担风险，请不要让树莓派过压运行。

与先前描述的设置（config.txt 中提供的绝对值）不同，电压调整是相对树莓派默认的 1.2 V 来说的。对每个大于 0 的数值，电压增加的数值为该数值乘上 0.025 V；对每一个小于 0 的数值，电压减少的数值为该数值的绝对值乘以 0.025 V。

电压调整设置的上限和下限分别为 8 和−16，相当于高于默认电压 0.2 V（即 0.025×8 = 0.2），为 1.4 V（即 1.2+0.2=1.4）绝对值，低于默认电压 0.4 V［即 0.025×（−16）= −0.4］，为 0.8 V（即 1.2−0.4 = 0.8）绝对值，也就是电压修改后最高为 1.4 V，最低为 0.8 V。

config.txt 中和电压相关的选项有以下几个。

- **over_voltage**：该项调整 BCM2835 的核心电压。给出的值是一个整数，对应于高于或低于默认值（0）的 0.025 V，其下限为−16，上限为 8。

- **over_voltage_sdram**：该项调整树莓派上内存芯片的电压。数值范围与 over_voltage 一样，对应高于或低于默认值（0）的 0.025 V，其下限为−16，上限为 8。此外，你还可以进一步调整内存中个别组件的电压。

- **over_voltage_sdram_c**：调整供给内存控制器的电压，数值范围同上。

- **over_voltage_sdram_i**：调整内存输入/输出（I/O）系统的电压，数值范围同上。

- **over_voltage_sdram_p**：调整物理层内存部件的电压，数值范围同上。

下面是一个例子用于修改 config.txt，为 BCM2835 电压提供 0.05～1.25 V 的小幅提升，将内存芯片电压提高 0.1～1.3 V。

```
over_voltage = 2
over_voltage_sdram = 4
```

要想改成其他设置，从 config.txt 文件中删除这几行即可。然而，与本节中的其他设置不同，所有的改动会在 BCM2835 中留下记录。即使还原为默认设置，记录也无法消除，树莓派仍无法得到保修。

7.3　关闭 L2 缓存

树莓派的 BCM2835 片上系统有 128 KB 的 **L2 缓存（Layer 2 cache memory）**，尽管存储空间不大，但是由于缓存速度快，因此常用于临时存储从较慢的内存中读取的数据和指令，以供处理器使用来提高性能。

BCM283x 最初的目的是用于机顶盒，因此 L2 缓存设计是专为 GPU 准备的，而不像一般的传统 CPU 有自己的专有 L2 缓存。

使用 config.txt 可以让 BCM283x 的 CPU 访问 L2 高速缓存。这在一定程度上能提高系统性能，但也未必一定有效果，毕竟 L2 缓存位于 GPU 附近，离 CPU 的距离较远。

使用 L2 高速缓存还需要树莓派上安装的 Linux 版本编译的内核支持缓存。Raspbian 就是这样一个 Linux 发行版，它支持 L2 缓存，正常情况下应该开启 L2 缓存以提高性能，只有在它影响到操作系统的正常运行时才禁用它。

要关闭 L2 缓存，你只需将以下行添加到 config.txt 文件中。

```
disable_l2cache=1
```

与所有 config.txt 设置一样，这个改变在树莓派重启后生效，要想开启 L2 缓存，只要将上面的 1 换成 0 就行了。

开启测试模式

config.txt 上的最后一个配置项是测试模式，大部分树莓派用户不用关心该模式。这只是为了系统完整性而将测试部分加了进来。测试模式在树莓派出厂的时候用来检测硬件，从而保证树莓派出厂时是合格品。

| 警告 | 开启测试模式不会对系统造成损害，但是树莓派启动后不会进入默认系统，除非你禁止该模式并把树莓派电源关掉，然后重新打开。 |

如果你想看看测试模式打开以后是什么样子，只要在 config.txt 文件中输入下面这行就可以了。

```
test_mode = 1
```

当树莓派重启后，你就可以看到测试模式下的树莓派的样子了。要禁止测试模式，你可以在 config.txt 中删掉该行，或者删除整个 config.txt 文件，也可以将上面的 1 替换成 0。

7.4   内存划分

尽管树莓派的内存只有 256 MB、512 MB 或 1 GB，但也存在多种内存分配使用方式。BCM283x 片上系统的内存主要面向两类硬件：通用的 CPU 和面向图形的 GPU，这两个部分都需要内存来操作，这就意味着内存需要由这两部分共享，因此要对内存的分配方式进行划分。

默认的内存划分方式的选择是由安装在树莓派上的 Linux 决定的。一些系统将内存一分为二，CPU 和 GPU 各分配 128 MB 来保证 GPU 能发挥最大潜力。一些系统会给予 CPU 大一些的内存来提高计算性能。

以前，通过使用名为 start.elf 的固件文件的不同版本来控制内存分割，其中使用不同的文件向 CPU 提供不同数量的内存。这些文件现在已被 config.txt 中的单行命令替换，可以对其进行编辑来控制内存拆分。

早期的树莓派内存划分方式由不同版本的 start.elf 配置文件控制，使用不同的配置文件向 CPU 提供不同大小的内存。现在树莓派中已经没有这些配置文件了，已被 config.txt 中的单行所替代，可以对其进行编辑来控制内存划分。

警告	图形任务繁重的应用程序，例如 3D 游戏或高品质视频处理软件，需要为 GPU 分配 128 MB 才能流畅运行。显存不够的话会导致应用程序有明显的卡顿。分配给 GPU 的显存如果少于 128 MB，那么树莓派的摄像头将无法录制视频。

你可以修改 config.txt 中有 gpu_mem 的那一行（如果没有，就插入新的一行）来改变内存划分方式。该行说明树莓派共有多少内存分配给 GPU，剩下的内存则全部分配给 CPU。

对于具有 256 MB 内存的树莓派型号，可以将这个数值设置为最小 16 MB 或最大 192 MB；对于具有 512 MB 内存的树莓派型号，可以设置为 448 MB；对于具有 1 GB 内存的树莓派型号，可以设置为 944 MB。该设置应以 16 MB 为增量单位进行调整，后面不需要写 MB 两个字符，例如可能的取值为 16、32、48、64、80、96、112、128 等，直至与树莓派型号的最大值匹配。例如，要为 GPU 提供最小 16 MB 的内存，可以按以下方式编辑该行。

```
gpu_mem=16
```

7.5　配置软件：cmdline.txt

除了可以控制树莓派硬件各种功能的 config.txt 文件之外，/boot 目录中还有另一个重要的文件：cmdline.txt（见图 7-4）。该文件包含树莓派启动时传递给 Linux 内核的所有配置项。

在安装了 Linux 的台式计算机或笔记本电脑上，这个选项是由一个叫作引导加载程序（bootloader）的工具传递给内核的。bootloader 有自己的配置文件，在树莓派上，这些选项是在树莓派启动时从 cmdline.txt 中直接读取的。

绝大多数 Linux 支持的内核选项在 cmdline.txt 中，包括命令行窗口的外观、启动时的 Linux 内核选择等。下面是 Raspbian 发行版的 cmdline.txt 示例，注意其中所有内容应当是在连续的一行中写入的。

```
dwc_otg.lpm_enable=0 console=serial0,115200 ↵
console=tty1 root=/dev/mmcblk0p2 ↵
rootfstype=ext4 elevator=deadline fsck.repair=yes rootwait
```

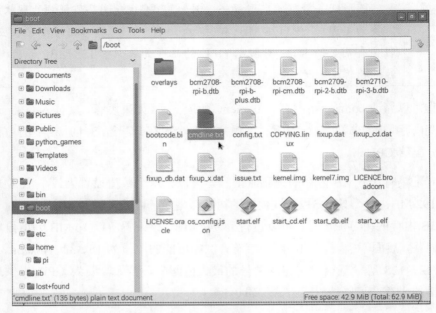

图 7-4   /boot 目录下的 cmdline.txt

第一个配置项 dwg_otc.lpm_enabel 用来告知是否禁用树莓派 USB 控制器的链路电源管理（LPM）模式，以防止在启用该功能时某些外设出现问题。树莓派的大部分 Linux 版本禁用该模式。

console 配置项告诉 Linux 是否要创建串行控制台（ttyAMA0），同时设置串口的传输速率。大部分情况下，传输速率应当限定在 115 200 bit/s。当然如果树莓派是和较老的设备打交道，这个数字也要做相应的调整，可以相应地降低速度。

第二个 console 配置项用于创建 tty1 设备，当你首次启动树莓派的时候，可以看到它是一个文本界面。如果没有该行，当树莓派没有连接到第一个 console 设置的串口时，就无法使用树莓派。

root 配置项告诉 Linux 内核从哪里找到根文件系统。根文件系统包含系统运行所需的所有文件和目录。对于默认的 Raspbian 发行版，该系统位于 SD 卡的第二个分区中，也就是 device mmcblk0p2。你可以将它更改为通过 USB 外部存储设备启动，相比于将根文件系统存储在 SD 卡上，USB 启动方式可以大大加快树莓派的运行速度。

为了知道从何处找到根目录，内核还需要知道目录所在的分区格式。由于 Linux 支持一系列不同的文件系统，例子中的 rootfstype 配置项就是用来设定 Raspbian 系统使用 EXT4 文件系统的。

最后的 rootwait 参数告诉内核是否在根目录完全读取时才试图启动系统。如果没有该选项，当树莓派在使用较慢的 SD 卡时，可能没有完全读取就会准备启动，导致系统启动不起来。

除了 dwc_otg 设置之外，其他配置项都不是必须设置的。任何 Linux 版本使用的引导加载程序（bootloader）包括的配置项都和 cmdline.txt 非常类似。

通常你不用修改 cmdline.txt，它是由 Linux 发行方创建的，不同的发行方创建的这个文件也不一样。Linux 上运行的条目可能无法在 Raspbian 上运行，反之亦然。.cmdline.txt 可用的配置项取决于内核在创建时使用的内核版本和内核包含的功能。

如果你是内核开发者，可以用 cmdline.txt 来传递参数，开启或禁止编译进内核的新功能。和 config.txt 一样，任何改动都需要重启后才能生效。

第 2 篇
构建媒体中心或用于生产环境

第**8**章
将树莓派作为家庭影院计算机

树莓派比较受欢迎的一个用途是作为家庭影院计算机（HTPC）。树莓派的核心处理器博通 BCM283x 片上系统芯片最初开发出来用于机顶盒，能为多媒体提供强有力的驱动力，特别适合在家庭影院中使用。

BCM283x 的图形处理部分是博通 VideoCore IV 模块，能够进行全速、高清视频播放。这个芯片还能够以各种格式播放音频文件，既可以通过 3.5 mm 的音频接口进行模拟输出，又可以使用 HDMI 数字接口进行数字输出。

尺寸小、低能耗、无声运作这些特性使树莓派成为家庭影院热衷者所追求的设备。自从树莓派问世以来，为了将它变成方便用户使用的家庭影院计算机，诞生了各种各样的发行软件，而且无须对现有操作系统进行大量的改动就可以非常方便地使用它们。

8.1　音乐播放控制台

如果你是一名开发者，可能会花大量时间在树莓派的操作控制台上。因为大部分的音乐播放软件都适用于桌面操作系统，而且借鉴传统的桌面软件的操作方式。

树莓派支持强大的名为 moc（**music on console** 的缩写，支持在控制台上播放音乐）的基于文本的音乐处理包。不同于其他音乐工具（例如 LXMusic），即使没有用户图形界面，moc 也可以在树莓派上安装和使用。

刚开始的时候，我们需要在发行版软件包中安装 moc。对 Raspbian 系统，简单地在终端控制台上输入如下命令即可。

```
sudo apt-get insatll moc
```

提示	一些操作系统发行版已经有另一个名为 moc 的工具，与音频播放无关。如果你发现安装 moc 没有带给你预期的效果，可以试试将包名改成 mocp。

如果你花费很多时间在用户界面绘图和控制台工作方面，那么 moc 是音乐播放的一个很好的选择。不同于其他工具，它运行在后台，这意味着其他工作对音乐播放是没有干扰的。

下载 moc 的命令是 mocp 而不是 moc，因为已经有了用命令 moc 下载的其他工具，名字不同是为了操作系统不弄混这两个包。

开始时，单击控制台（或者如果你用的是桌面环境，即为终端），可以输入如下命令。

```
mocp
```

标准的 mocp 界面被分成两个窗格（见图 8-1）。左边的窗格用于浏览文件，可以选择音乐播放。光标键可以向上或向下遍历菜单，按回车键开始播放选中的歌曲。你在一个文件夹的名字上按回车键时会进入这个文件夹。当在菜单顶端的"../"上按回车键时就会回到上一级目录。右边的窗格显示当前的播放列表。

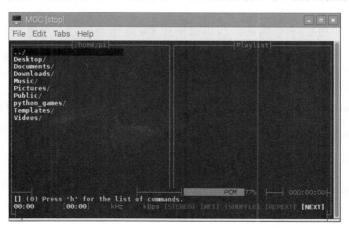

图 8-1　mocp 音乐播放器基本控制台的标准界面

当按 Q 键退出应用时，mocp 的优势就更加明显了。如果用 mocp 播放音乐，你在控制台或者窗口终端进行别的任务也不会造成音乐停止，再次运行 mocp 命令又会恢复界面，它允许改变歌曲、暂停或者停止播放。你也可以直接从终端控制 mocp 而不需要从界面控制。它允许使用 mocp 命令带上参数（跟在命令后的选项，以连接字符作前缀），以此来控制开始、停止、暂停、浏览以及其他改变播放的操作，而不需要直接通过软件来执行。

最常用的 mocp 参数如下。

- **-s**：停止当前播放。

- **-G**：暂停播放或者恢复暂停的播放。

- **-f**：查看文件夹或者播放列表的下一首歌曲。

- **-r**：回到文件夹或者播放列表的上一首歌曲。

- **-i**：在终端或者控制台上打印当前歌曲的信息。

- **-x**：停止播放并且退出 mocp。

要得到更多关于 mocp 的信息，输入 **man mocp** 命令即可查询。

8.2　专用 HTPC 与 OSMC

树莓派的一个功能就是播放音乐，但是 BCM283x 的功能不止这些。使用 VideoCore IV GPU，可以解码，也可以播放 1 920 像素×1 080 像素的 H.264 高清格式视频，这使得树莓派成为了小型高性能媒体播放机，而且对电量的需求非常低。

要想使树莓派更好地为家庭影院服务，还需要安装一些软件。这些软件可以在 Raspbian 发行版上安装，然而还有一种更简单的方式：切换到 OSMC 系统。

作为开源媒体中心，OSMC 是基于流行的 XBMC 软件的，现在被称为 Kodi，已经被多家设备制造商选用并运行在其商用机顶盒系统中。

如果你要在家庭影院设置中使用树莓派的高性能视频输出和解码功能，那么，OSMC 是一个明智的选择，而且在树莓派上启动和运行都和其他的 Linux 发行版本一样简单。最简单的方法是通过 NOOBS 来安装，详见第 2 章。

你只需在操作系统列表中找到 OSMC，然后单击它旁边的复选框进行安装（见图 8-2）。如果你不想将树莓派专用于媒体播放功能，则可以与任何其他操作系统

（包括 Raspbian）一起使用。

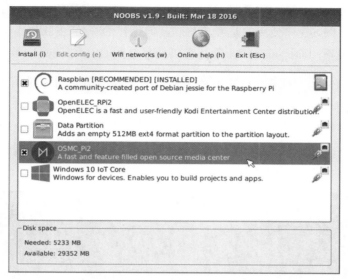

图 8-2　通过 NOOBS 安装 OSMC

警告	如果你已经有 SD 卡，要注意新安装的操作系统将会删除 SD 卡里的所有内容。通过 NOOBS 安装 OSMC 之前你需要备份要保留的所有文件。

　　当 NOOBS 安装程序完成后，需要重新启动树莓派。在执行该操作时，请确保以太网电缆已连接，因为 OSMC 首次加载时需要从互联网下载一些数据。在下载更新时，OSMC 的初始加载可能需要 10～15 min 才能完成，但后续加载速度要快得多。

　　当 OSMC 加载完毕后，你会看到一个设置向导，它会引导你完成软件的基本配置。我们使用鼠标或键盘选择语言和时区，然后选择设备的名称。如果不需要，你可以跳过命名步骤；但如果想在网络上安装多个 OSMC 设备，则它们的命名不能一样。如果你不想自己起名字，可以使用随机按钮自动为设备分配一个名字，并为其添加唯一后缀。

　　然后，向导将询问你是否要启用 Shell（SSH）支持，默认情况下是启用的。如果你将树莓派连接到安全的家庭网络并允许远程传输文件和控制树莓派，这通常是安全的。接下来，请阅读许可协议，如果同意其条款，那么你现在就可以选择 OSMC 的外观了。

一般情况下，OSMC 使用自己默认的界面，称为"皮肤"。另外一种选择为经典皮肤（Classic）（KODI），KODI 媒体软件提供的标准接口。二者之间在功能上没有区别，图 8-3 中使用的是经典皮肤，但选择 OSMC 皮肤也不会影响你的体验，只是外观不同而已。最后，你还可以选择订阅 OSMC newslet-ter。

在随后的每次加载中，OSMC 都会自动启动 KODI 软件（见图 8-3）。它提供了一个专门为客厅使用而设计的自定义用户界面。界面中所有的内容都可以通过键盘或鼠标访问，有清晰明了的文本和问答式菜单，使查找东西变得更容易。你还可以购买红外遥控器，它配有一个 USB 接口的接收器和一个手持发射器，可以在没有有线键盘或拖线的情况下实现真正的家庭影院体验。

图 8-3   通过 OSMC 加载的 Kodi 主界面

8.2.1   流网络媒体

默认情况下，OSMC 被配置为只播放它在树莓派上找到的文件。如果从"视频"（Video）菜单下方选择"Add-ons"，就可以添加一些你喜欢的互联网流媒体功能到设备上，包括各种电视频道和互联网流媒体服务。单击"Add-ons"附加组件（插件）后，选择"Get More"以获取兼容插件的完整列表（见图 8-4）。如果列表中没有任何内容，请单击屏幕最左侧带有向右箭头的选项卡，在出现的菜单中检查更新，来加载最新的附加信息。

使用鼠标或光标键在列表中滚动查看，然后单击一个条目或按回车键来访问更多信息。要安装附加组件，你只需从弹出的窗口中单击"安装"（Install）按钮。当单击列表中的某个条目时会出现信息框，之后会从互联网上下载插件并自

动将其安装到 OSMC 中。注意，附加组件显示为断开时意味着该组件无法正常
工作，在附加组件的开发者未解决问题之前不要安装。

图 8-4　在 OSMC 中添加新的视频插件

当视频插件的选择和安装完成后，单击屏幕右下角的"Home"按钮返回到
OSMC 主界面。现在单击屏幕中心的"Video"或按回车键，然后从出现的选项中
选择"Video Add-ons"，它会列出你所安装的附加组件。单击下载列表中的文件可
以进行查看。如果一个附加组件有不同的类别，在这种情况下它会先下载这些类
别，单击单个类别可以查看它包含的文件（见图 8-5）。

图 8-5　通过 DIY 网络 OSMC 插件提供的视频列表

类似的附加组件在"Music"和"Video"菜单下也可以选择使用并以同样的方式运行。使用这些附加组件，你可以查看有关图片或流媒体音频网站的内容，例如 Flickr、Picasa、The Big Picture、Grooveshark、Sky.fm 和 SoundCloud。

8.2.2　本地网络上的流媒体

OSMC 软件支持**通用即插即用**（**Universal Plug and Play，UPnP**）的流媒体传输标准，允许将它连接到你家庭网络上的设备。UPnP 支持最新的移动电话、家用游戏机和**网络附加存储**（**NAS**）设备的共享和流媒体视频以及音乐和图片等。很多笔记本电脑和台式计算机支持 UpnP 或**数字生活网络联盟**（Digital Liuing Network Alliance，DLNA）标准，查看你的帮助文档可以了解如何在自己的设备上启用这些功能。

然而，OSMC 不只限于 UPnP 连接，该软件还可以连接到基于 UNIX 系统的**网络文件系统**（**NFS**）标准的网络服务器、基于 Windows 服务器的**服务器消息块**（**SMB**）以及基于 **zeroconf** 标准的 OSX 设备中。无论使用哪种网络连接设备存储媒体内容，OSMC 都支持至少一种连接到它的方式。

连接 OSMC 到家庭网络服务器上，选择媒体类型、视频、音乐或图片，然后单击"Add videos"选项，在弹出的窗口中选择"Browse"来检索资源类型列表（见图 8-6）。这些资源包括连接到树莓派的本地驱动器，以蓝色图标突出显示，还包括用红色图标突出显示的网络设备。选择你尝试连接到列表中的服务器类型，然后单击出现的服务器。

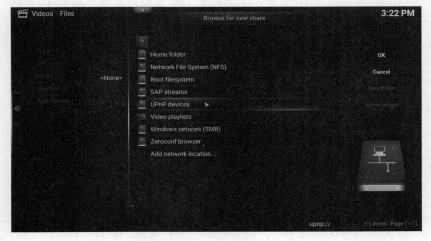

图 8-6　在 OSMC 中选择网络

如果你选择的服务器有多个文件夹，例如不同的流派、艺术家、专辑或文件的文件夹类型，选择你想要访问的文件夹，然后单击"OK"按钮。这将带着所需信息返回到"Add screen"页面（见图8-7）。如果需要另外的其他信息，例如受保护服务器的用户名和密码，你需要在单击"OK"按钮之前填写这些信息。

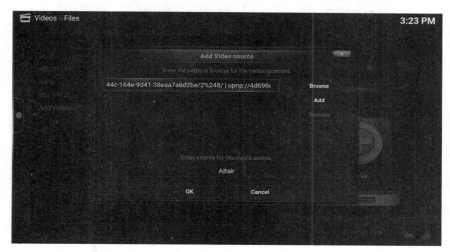

图 8-7　添加一个 UPnP 音乐资源到 OSMC

你也可以使用相同的菜单将外部硬盘驱动器资源添加到 OSMC，方法是在初始列表中选择其条目。大多数外部驱动器都会自动显示，无须显式添加。只有当驱动器的内容没有出现在 OSMC 菜单中时，才需要将其添加为资源。

8.2.3　配置 OSMC

OSMC 中的各种设置可以从"My OSMC"下的"程序"菜单中获得。即使你在设置过程中选择了经典（KODI）皮肤，OSMC 的这一部分也将始终使用自己的皮肤显示，显示为围绕中心 OSMC 徽标的一系列图标（见图8-8）。

图标从上往下顺时针方向，分别代表的含义如下。

- 更新（**Updates**）：该选项可检查 OSMC 和已安装的附加组件的更新情况，而且可以根据需要下载和安装任何插件。

- 服务（**Services**）：该项允许启用或禁用 SSH 服务。

- 超频（**Overclock**）：该项允许从一系列预设的超频中进行选择，以提高树莓派的性能。此处所做的任何更改仅在重新启动树莓派后生效。

图 8-8 通过"My OSMC"配置 OSMC

- **应用商店（App Store）**：该项提供了对其他 OSMC 应用程序的访问，可以下载和安装这些应用程序来添加新功能。

- **网络（Network）**：单击该选项可手动配置网络设置。

- **遥控（Remotes）**：该项允许配置连接 USB 的遥控接收器，在不使用键盘或鼠标的情况下控制 OSMC。

- **树莓派配置（Pi Config）**：该项提供了对树莓派配置文件的访问，具体内容在第 7 章中已介绍。

- **日志上传（Log Uploader）**：该项允许将包含有关 OSMC 和底层操作系统信息的各种日志文件上传到项目的服务器，以便在错误报告中使用。如果你没有在 OSMC 中报告错误，则不需要使用它。

有关配置 OSMC 或 KODI 的更多信息，请访问其官方网站。

第 **9** 章
将树莓派用于生产环境

树莓派的灵活性使它成为低功耗通用桌面计算机的一个很好的选择。虽然它永远不会达到一个标准的台式计算机或笔记本电脑那样的性能水平,但低成本、低功耗可以弥补这些问题。

树莓派网站提供的 Raspbian 操作系统包括流行的 LibreOffice 办公套件,它提供了很多像微软 Office 一样好用的通用商业软件:文字处理器、电子表格、数据库、演示工具以及用于创建图表或数学公式的应用程序。你也可以不在本地安装而通过 Web 浏览器使用基于云计算的软件。

无论是使用在本地安装的应用程序还是基于云服务的方法,树莓派都可作为日常在办公室环境或学校工作环境中使用的机器,同时也不会影响其作为编程和实验平台的使用。

提示　　如果你打算使用树莓派作为一个纯粹的生产环境机器,那么建议将更多内存留给通用功能使用,而将较少的内存用于图形处理器。要了解如何改变这种分配,请参见本书的第 6 章。

9.1　使用云端的应用

如果你的树莓派大部分时间能连接到互联网,无论是通过集成以太网端口、内置无线网卡,还是通过一个 USB 有线或无线适配器,在没有集成网络的树莓派型号上,基于云计算的软件环境都提供了一个强大而且轻量级的、以办公软件为中心的软件服务模式。

之所以称之为基于云的软件,是因为它不像一个普通软件是在你的本地计算机上，相反，它存储在功能强大的、设在世界各地的数据中心服务器上，而且在互联网上通过 Web 浏览器进行访问。通过利用更为强大的远程服务器的处理和存储能力，使树莓派处理更复杂的文档和任务成为可能，而且速度非常快。

基于云计算的软件比本地安装的应用程序还有很多其他方面的优势。任何基于云的应用程序，在任何设备上看上去都是一样的，这些应用包括针对智能手机、平板电脑以及手机的版本。文件也能存储在远程服务器上，这使它们可以被任何设备访问到，不占用树莓派的 SD 卡任何空间。

但是基于云的应用程序是不完美的，它们通常落后于本地安装程序的功能，且往往缺乏高级的功能，或支持的文件格式较少。它们在没有互联网连接时无法访问，当用户的网络环境不好时会有比较多的麻烦。

如果你觉得经过权衡为树莓派的 SD 卡提供更高的性能和更大的空间是值得的，请继续阅读本书下面的部分。如果相反，则可以直接跳到 9.2 节学习如何安装使用 LibreOffice 开源办公套件，其功能相当于微软 Office 办公软件。

最流行的基于云计算的办公套件有以下几种。

- **Google Drive**：谷歌是搜索和在线广告的巨头，Google Drive（前身为 Google Docs）包括一个文字处理器、电子表格和演示工具（见图 9-1）。企业用户也可以注册一个谷歌应用服务账户使用高级功能。如果你有 Gmail 的电子邮件账户，可以自动作为 Google Drive 的账号。

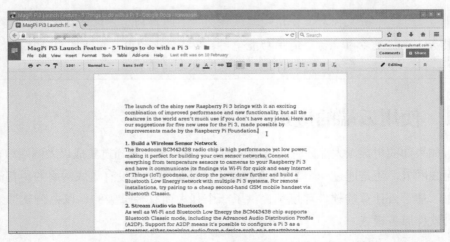

图 9-1　在树莓派上的 Iceweasel 浏览器运行的 Google Drive

- **Zoho**：Zoho 拥有 500 万注册用户，是另一个大众化的选择。Google Drive 包括文字处理器、电子表格和演示包，但 Zoho 还提供了一个增强的业务中心功能，例如 wiki 知识库系统、网络会议、财务管理、客户关系管理等。然而，许多高级的功能都需要付费。

- **Office 365**：如果你是微软 Office 的用户，Office 365 是一个不错的选择。作为当前版本的微软 Office 的桌面套件，基于相同的用户界面，Office 365 是强大而灵活的。与 Zoho 和 Google Drive 不同，Office 365 没有免费的版本，需要用户包月付费使用。此外，该软件在一台 Linux 计算机访问时，有些功能将无法正常工作。

- **ThinkFree Online**：这一个基于 Web 界面的 ThinkFree 办公软件，ThinkFree 提供文字处理、电子表格、演示软件以及 1 GB 的免费存储空间。该系统还适用于相应的移动平板电脑和智能手机以及针对企业的 ThinkFree 服务器软件。

许多基于 Web 的生产环境软件需要的功能是 Raspbian 默认浏览器没有的。所以，为了使用更多的软件包，你还必须安装一个不同的浏览器。下面说明如何安装 Iceweasel 浏览器，它是 Mozilla 推出的非常流行的开源浏览器，是 Firefox 的一个版本。

要安装 Raspbian 下的 Iceweasel 浏览器，你需要打开一个终端，输入以下内容。

```
sudo apt-get install iceweasel
```

安装好 Iceweasel 后，使用基于云计算的办公套件就很简单了，只要访问对应的网站，申请一个账户（提供你的信用卡详细信息可以获得额外服务，如微软 Office365）并登录即可。如果你发现树莓派性能降低了，可以改变内存分配，让 ARM 处理器拥有更大的内存空间来改善其性能。第 6 章有完整的说明可以教你做到这一点。

9.2　使用 LibreOffice

如果你不希望使用基于云的服务，另一种方法是安装 LibreOffice。LibreOffice 作为一个开源的、跨平台的、可替代微软 Office 的套件，是基于 OpenOffice 项目的，LibreOffice 功能强大，而且能提供尽可能多的功能函数。

安装好后，在树莓派桌面环境的 Office 菜单中将出现一系列 LibreOffice 条目，这些条目如下。

- **LibreOffice Base**：数据库应用程序，相当于微软 Access。

- **LibreOffice Calc**：电子表格应用程序，相当于微软 Excel。

- **LibreOffice Draw**：矢量插图应用程序，专为其他 OpenOffice 项目处理高品质的、可扩展的图像剪贴画。

- **LibreOffice Impress**：演示文稿应用程序，相当于微软 PowerPoint。

- **LibreOffice Math**：用于编辑数学公式的工具，相当于微软 Equation Editor（公式编辑器）。

- **LibreOffice Writer**：文字处理器应用程序，相当于微软 Word（见图 9-2）。

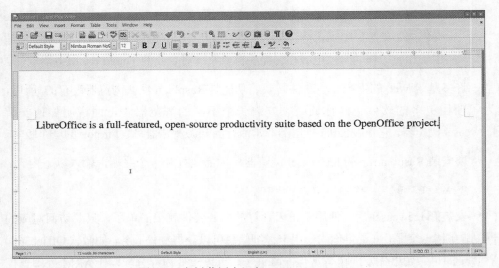

图 9-2　在树莓派上运行 LibreOffice Writer

默认情况下，LibreOffice 保存和加载文件的格式被称为**开放文档格式**（**Open Document Format，ODF**）。这是一个基于标准的、免费的办公套件包，包括最新的微软 Office 办公软件在内的大部分应用软件都支持该文件格式。

在 LibreOffice 中保存文件时，可以通过下拉菜单中的"另存为"（Save As）对话框更改格式。在"文件类型"（File Type）下，可以选择多种格式，包括几个完全兼容旧版本微软办公软件的格式。当你需要在树莓派上的 LibreOffice 与旧的软件用户之间共享文件时，记得要改变格式，以确保每个人都可以打开，另外，你也可以说服其他人安装 LibreOffice，它对 Linux、Windows 和 macOS X 都是免费的。

9.3 使用 Gimp 图像编辑器

LibreOffice 是一个功能强大的软件，不足之处在于图像编辑功能。虽然 LibreOffice Draw 是一个强大的图像软件，不幸的是，你不能用它来处理数码照片。这些被称为**点阵图像**的编辑与矢量图像绘制有很大的不同。

对于图像编辑功能，GNU 图像处理程序是 Linux 下最有力的工具之一，通常被称为 Gimp。Gimp 是最成功的开源项目之一，因为它提供了强大的编辑位图图像的功能，使用的接口类似于 Adobe 公司的 Photoshop 用户界面（见图 9-3）。

图 9-3　在树莓派上运行 Gimp

因为 Gimp 在大多数树莓派发行版本中默认是不安装的，所以你必须连接树莓派到互联网，通过包管理系统（请参见第 3 章）安装它。虽然没有 LibreOffice 占的空间那么大，但是 Gimp 还是占据了 SD 卡相当多的存储空间，所以请确保你有足够的可用空间，然后再来安装。

要安装 Gimp，首先要打开一个终端窗口，然后输入以下命令。

```
sudo apt-get install gimp
```

Gimp 可能需要一点时间来习惯，因为它的用户界面使用了 3 个不同的窗口而不是一个。默认情况下，左侧的窗口中包含"工具箱"（Toolbox），右侧窗口中显示图层、通道和渐变选项，中间的窗口显示目前正在编辑的图像。如果打开一个以上的图像，你会得到一个以上的主窗口，但只有一个工具箱、图层、通道和渐变窗口。

默认情况下是不安装 **Gimp 用户手册**的，这对于树莓派来说是一件很好的事情。Gimp 是一个强大的工具，它的用户手册需要占据 SD 卡上不少的容量。如果你尝试按 F1 键访问帮助手册，或从菜单中选择"帮助"，系统会提示你从网上获取网络版。单击"在线阅读"（Read Online）按钮，可以打开浏览器来阅读用户手册的相关内容。

Gimp 是一个非常强大的工具，占用了大量的内存。这使它在树莓派上运行相对缓慢，尽管它是绝对可用的。使用时你依然需要有耐心，尤其是当你从外接的数码相机内存中打开一幅很大的照片时，这有助于节省系统的可用内存（详细信息请参见第 6 章）。

在 Gimp 中保存文件时，你可以使用多种文件格式。如果需要原始的版本文件并做更多的编辑，你应该使用 Gimp 默认的 XCF 文件格式。这种格式使重要的**元数据（metadata）**保持完好，使用的是无损压缩，可以最大限度地提高图像质量，同时支持由多个图层组成的图像。

如果你打算上传图片到网络，或采用其他方式与他人分享，建议使用更为方便的格式，例如 JPG 或 PNG 格式。要更改文件的格式，可从文件菜单中选择"导出"（Export）选项，而不是"保存"（Save）选项（见图 9-4），此时可选择各种文件类型的文件格式。

图 9-4　从 Gimp 导出文件

第 3 篇
树莓派编程

第 **10** 章
Scratch 编程

到现在为止，你已经学了很多在树莓派上运行别人的程序的技巧和方法，但树莓派的主要目标是让所有人而不仅仅是资深专家能够在树莓派上开发自己的应用程序。树莓派基金会致力于让树莓派成为各个年龄段教学的工具设备。

要达到这一目标，很重要的一点就是要确保青少年能够体验到自己编写软件的乐趣，而不只是作为软件的消费者。**Scratch** 正是为此而生。

10.1 Scratch 简介

Scratch 由美国麻省理工学院媒体实验室的 Lifelong Kindergarten 小组在 2006 年开发，是 Squeak 和 Smalltalk 语言的一个分支，Scratch 继承了它们的核心编程概念，使其很容易让所有人使用。冗长又让人疲劳地输入代码（对年龄小的孩子们来说是枯燥乏味的）被替换为一个简单的类似拼图游戏一样的拖曳式编程环境，然而它仍鼓励编程的思想，并拥有所有的编程语言所使用的核心概念。

官方声称，Scratch 是针对 8 岁及以上的孩子，但年纪更小的程序员也可以轻易上手，并得到一些帮助和指导。Scratch 看起来很强大，在其丰富多彩、鼠标驱动的用户界面背后是一种编程语言，包括强大的多媒体功能。所以，Scratch 的官方网站上有超过 550 万用户共享的软件项目是不足为奇的，它们中的多数都是游戏。

在孩子们的游戏中悄悄灌输编程思想并鼓励他们学习编程并开发自己的游戏是一个极好的方式。Scratch 友好的用户界面和出色的操控性使孩子不会因为陡峭的学习曲线而感到沮丧，而且在 Scratch 中学习的编程概念为后边学习更为灵活的语言（如 Python）（参见第 11 章），提供了一个良好的基础。

作为一种编程语言，Scratch 提供的不仅仅是一个游戏框架，它可以用于创建互动演示和漫画，还可以通过使用附加的接口与外部的传感器和马达联系，如 PicoBoard 和 LEGO WeDo 的机器人套件。

树莓派推荐的 Raspbian 发行版配备了最新版本的 Scratch 环境，如果你有本书推荐的所有相关工具和环境，就可以开始进一步学习了。

10.2 例1: Hello World

每当开始学习一种新的编程语言时，一个约定俗成的方式是写一个简单的程序并运行它在屏幕上显示一行字，这就是所谓的 Hello World 程序，同时这也是走向自主开发程序道路的第一步。

不同于其他传统编程语言，Scratch 不希望用户刻意去记很多指令语句，例如 print 或者 inkey$。相反，几乎所有的工作都可以通过拖曳相应的代码块实现所需的逻辑组织结构来完成。

首先，双击桌面上的图标或者单击程序菜单中的图标来载入 Scratch，几秒后，就会出现 Scratch 主界面（见图 10-1）。如果界面不在中间或者比较小，单击"最大化"按钮（顶部标题栏右边 3 个按钮中中间的按钮）来放大界面。

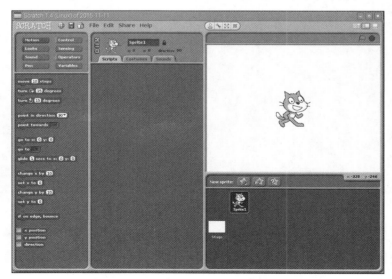

图 10-1　Scratch 主界面（运行在树莓派上）

Scratch 界面被分为多个窗格。左边的窗格是**选项板**，它包含了所有构成程序的不同代码块。程序用到的对象（也称**元素**）列表显示在右下角的窗格中，该窗口也包含了对应的**舞台**控制器，用来控制对象出现的舞台。而舞台本身显示在界面右上角，它用来显示程序的运行效果。最后，窗口中间的窗格显示了程序的构成。

为了让用户很容易地开始编程，一个新的 Scratch 项目已经包含了一个空白舞台和一个元素。你需要为它制作一个程序，现在单击窗口右上角的绿色旗帜不会发生任何事情，因为 Scratch 并不知道你想做什么。

对于 Hello World 程序，你需要单击屏幕左边的颜色按钮来改变选项板块的模式。下边列表中间有一个写着 "say Hello!" 的块，单击该块，然后将其拖曳到 Scripts 窗口中。如果你一定要遵循流行了几十年的传统，你也可以单击程序段中的 "say Hello!"，把文字修改为 "Hello World!"（见图 10-2）。你可以通过在代码块上单击鼠标右键，然后单击 "删除" 按钮删掉某个代码块。

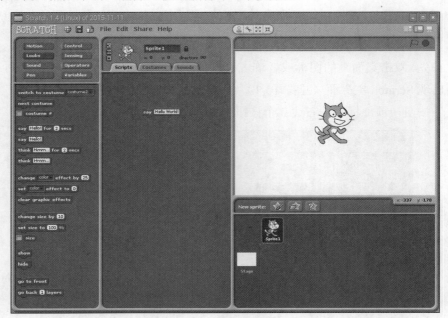

图 10-2　在 Scratch 程序中放置第一个程序块

如果你再次单击绿色旗帜，程序仍然什么都不做。这是因为虽然 Scratch 知道它应该是让猫说些什么，但是不知道是什么时候说。该事件需要触发块，它可以在选项板的 "Control" 部分找到。

现在单击"Control"按钮，然后拖曳最上边的条目（标有 when 🏳 clicked）并放置在刚才提到的紫色的"say"方块上边（见图 10-3）。如果你把它们放得足够近，它会自动加入到方块的锯齿中，就像一块拼图。

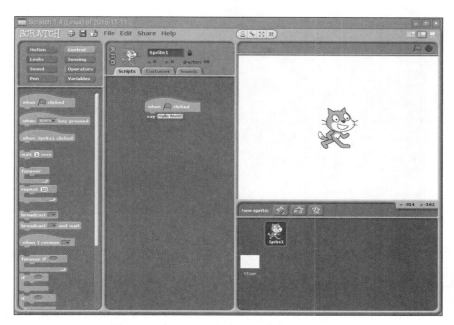

图 10-3 在 Scratch 程序外形块中加入控制块

这种将多个块连接在一起的方式是 Scratch 的核心。现在看看刚才放置的控制块，会发现它上边没有连接孔。这意味着，你不可以在上面放置另一个块，因为这个控制块被设计为直接触发其他块，它必须出现在一个程序堆栈的开始。同时，在"say"程序块下边有一个连接器，该连接器可安装到其他块的顶部，这表明下方还可以放置更多的块。

现在已经有两个程序块了，我们单击屏幕右上角的绿色旗帜图标。这时候，会从猫的嘴里出现一个语言气泡（见图 10-4），那么 Hello World 程序就完成了。

在开始学习下面的例子之前，使用菜单上的文件（File）按钮来保存你的工作。Scratch 不能同时打开多个项目，所以如果你创建一个新的空白文件，现有的文件将被关闭。不过不用担心，如果你忘了保存而直接去创建一个新的文件，而现有文件中有未保存的更改，Scratch 会提示你在关闭前保存现有的更改。

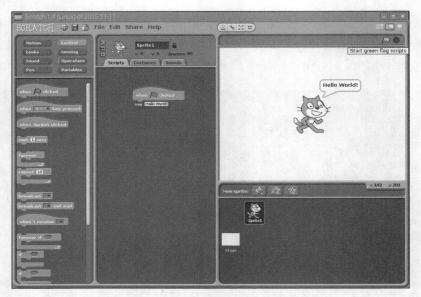

图 10-4   在 Scratch 中执行 Hello World 程序

10.3   例 2：动画与声音

"Hello World" 是一个非常传统的例子，它不是特别有趣，也没有显示出 Scratch 的真正力量，Scratch 有强大的多媒体功能和元素处理系统。该系统特别适合简单的动画制作，它可以作为一个互动游戏的基础。

首先，重新加载 Scratch 程序或从"文件"（File）菜单上选择"新建"（New）并启动一个新的项目。对于任何新启动的项目，Scratch 会提供一个默认的元素（你可以控制这个元素）。

要在 Scratch 上控制一个简单的动画，可以使用选项板的"移动"（Motion）部分。当你启动一个新的项目时，这是默认的选项板。拖动标记有"move 10 steps"的块到"Scripts"区域。正如它的名字所示，该块用于控制元素朝着它所面对的方向移动 10 步。在 Scratch 中，元素开始默认面对的方向是右，所以，元素将会向右移动 10 步。

10 步并不是一个很大的值，因此单击 10 将其更改为 30。那么这个块就变成了"move 30 steps"。然而，一个向右移动的猫并不是很有趣，我们切换到"声音"

（Sound）块选项板并拖曳"play sound meow"块到"Scripts"窗口并和下边的"move"块连接。为了让猫在这个位置上保持一段时间，我们从控制选项板中加入一个"wait 1 secs"块。如果没有这个，元素会迅速从其起始位置移动到目标位置。

为了让程序运行多次而不让猫从舞台消失，在"play sound"块下边增加一个"move 10 steps"块，修改值为"move −30 steps"。Scratch 中可以像这样使用负数：如果 30 让元素向右移动，那么−30 会使元素向相反方向移动相同距离。

最后，在 Control 选项块中选择并添加"when 旗 clicked"块到"Scripts"区域最上边来完成程序（见图 10-5）。单击屏幕右上角的绿色旗帜图标来运行程序，不过要确保你有音箱或者耳机连接到树莓派以获得完整的效果。

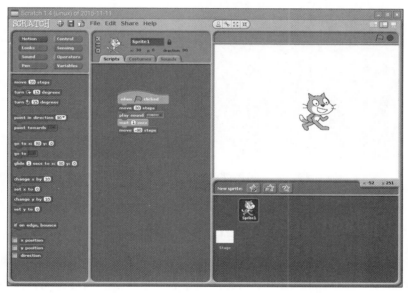

图 10-5　在 Scratch 中执行完整的动画程序

这个简单的动画程序能够用很多方式扩展。使用 Scratch 窗口右边舞台下方的"New Sprite"选项可以添加更多的元素，它们可以独立地移动和播放声音。添加例 1 中的"say"块（或者"think"块，创建一个小的想象气泡而不是语言气泡）可以制造漫画的动画效果。

更重要的是，这个简单的例子说明了一个重要的编程概念：尽管只有 5 个块，但它包含了元素的正负距离移动、声音播放和编程中**延迟**的概念。为了介绍另一个概念，我们试着从"Control"选项板添加一个"forever"块（见图 10-6）。这样会在程序中添加一个循环，使它一直循环运行程序块，或者直到你听够了这噪声后主动单击舞台上方红色的"stop"按钮。你可以在"when flag clicked"和"move 30 steps"块之间拖曳"forever"块来自动将现有块添加到循环中，而无须删除它们并重新开始。

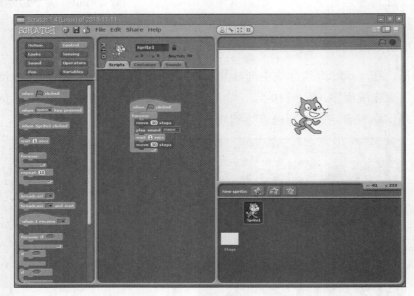

图 10-6　在 Scratch 动画中添加无限循环

10.4　例3：一个简单的游戏

使用 Scratch 可以制作简单的动画，但该软件还允许用户从键盘输入来进行交互。通过把一些简单的动画控制和先前描述的程序结合，你可以创建一个简单的游戏，同时，我们引入**元素碰撞**、**if 语句**和**输入**的概念。

这个例子中，启动一个新的 Scratch 项目（如果你还没有保存先前的例子，记得先进行保存），拖动"move 10 steps"块到"Scripts"窗口。这一次，你可以不使用单击旗帜图标来开始执行代码块，在"Control"块选项板中，拖曳一个"when space key pressed"块到"move"块的上边。

正如名字所示，"when space key pressed"块会等待用户的输入（在此为空格键），用该输入来触发程序块的执行。如果你按下了空格键，程序会立即执行，舞台上的元素会根据指令向右移动 10 步。

"when space key pressed" 块可以定制, 这也是不同于 "when 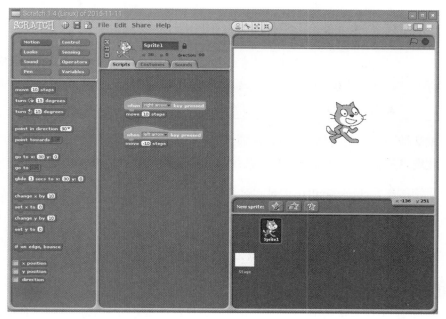 clicked" 块的一个方面。单击单词 "space" 旁边的下拉箭头, 会看到所有该块可以监听的按键列表, 选择其中的 "right arrow" 来把该块变为 "when right arrow key pressed" 块。

但是, 一个只能让玩家向一个方向移动元素的游戏没什么意思, 所以, 拖曳一个新的 "when space key pressed" 块到 "Scripts" 区域。它并不能连接到现有的代码块中 (你只能有一个触发块), 像之前一样, 单击 "space" 旁边的下拉箭头来定制该块, 把它变为 "when left arrow key pressed" 块; 最后, 把选项板转换为 "Motion" 模式, 拖曳一个 "move 10 steps" 到 "when left arrow key pressed" 块下方, 同时把 10 改成-10。

现在, 如果你按下左箭头或者右箭头, 你会发现猫会根据你的输入进行移动 (见图 10-7), 按下左箭头, 猫会向左移动 10 步 (虽然就 Scratch 而言, 它是向右移动了-10 步); 按下右箭头, 猫会向右移动 10 步。

图 10-7 在 Scratch 中通过输入来控制元素移动

既然玩家已经能够移动元素, 是时候让该元素做点其他的了。由于这是一个非常简单的游戏，目标也应该很简单：收集食物。单击"Choose New Sprite From File"键，在 Scratch 窗口右下角 Sprite 选项板的上边 3 个按钮中间的那个。如果你不确定是哪个按钮，请将鼠标光标移动到它们上方以获得弹出信息提示。

一个对话框会出现，你需要选择一个元素，双击 Things 文件夹，再双击元素 cheesy-puffs（见图 10-8）。这会在 Sprite 选项板中添加一个新的可控制的元素对象。

图 10-8　在 Scratch 游戏项目中添加 cheesy-puffs 元素

提示　Scratch 语言本质上是多线程，而且是部分面向对象的。这说明程序中的每个对象（包括元素），都有自己的代码块，每个代码块同时独立于其他代码块运行。如果使用得当，这些特性有利于创建一些很复杂的程序。

默认情况下，任何加入 Scratch 项目的新元素都会出现在舞台中央。这样就会掩盖住现有的猫元素。单击新的元素并将其拖曳到猫的右边来解决这个问题。

尽管移开了 cheesy-puffs，但是它对于我们这个像人一样长着两条腿的猫来说还是太大了。单击"Shrink Sprite"按钮，它在舞台区域的右上角，看起来像 4 个箭头指向中心。如果你不确定是哪一个，把鼠标悬浮在图标上边，会显示一个简短的功能描述。

单击"Shrink Sprite"按钮（或者"Grow Sprite"按钮，它和 Shrink Sprite 功能相反）把鼠标指针变为一个类似的按钮图标。用这个新的鼠标指针，单击 cheesy-puffs 元素来将其缩小。一直单击的话会继续缩小元素。一旦到达合理的大小，就单击舞台区域之外的任何地方来把鼠标指针还原，然后你可以把碗拖曳到靠近舞台右边界的位置。

现在，试着用箭头按键来移动猫到 cheesy-puffs 元素。你可以看到，当两个元素相遇时，什么都没有发生。这是因为程序没有任何关于两个元素相遇时要执行的指令（也就是我们提到的**元素碰撞**），当然不会发生任何事。我们可以用一个新的块来完善它，即 Sensing 块。

保持 cheesy-puffs 元素为选中状态（它的图像应该显示在 Scripts 面板顶部，如果没有，则双击舞台上的元素），单击"Sensing"按钮把选项板变为 Sensing 模式。在 Sensing 选项板中，拖拽"touching？"块到 Scripts 区域。

类似用"when space key pressed"块控制猫元素的移动，"touching？"块同样能够定制。单击问号旁边的下拉箭头，选择 Sprite1（猫元素），这个块将会在两个元素相遇时激活。

提示　你可以通过单击 Scripts 面板中对应图片旁边的格子来命名一个元素。为元素起一个有意义的名字（例如猫、奶酪泡芙等）会帮助你更容易地跟踪程序中元素事件的发生。

观察"touching Sprite1？"块的形状，你可以发现，它上边没有类似拼图一样的接口，形状就像一颗钻石（在流程图中也用同样的形状表示决策点）。这不是偶然的，为了方便操作，大多数传感块需要嵌入在一个控制块中。

切换块选项板到控制模式，找到 if 块（形状类似一个压扁的粗糙的字母 C）。注意"if"块有一个钻石形状的缺口（和"touching Sprite1？"的形状一样）。拖曳"if"块到 Scripts 面板，然后拖曳"touching Sprite1？"块到它的钻石缺口上。结果是两个颜色的块上出现"if touching Sprite1？"字样。

这表示有一个 **if 条件**在程序中：达到该点时，当且仅当该条件满足时，位于其限定内的所有代码将被执行。在这种情况下，该条件就是 Sprite2 和 Sprite1 相遇。配合使用 Operators 面板的 and、or 和 not 逻辑块，就可以实现一些比较复杂的程序。

在 Looks 选项板中，拖曳"say Hello! For 2 secs"块到"if touching Sprite1？"块中间。修改文字为"Don't eat me!"，再添加一个"wait 1 secs"控制块，修改值为 2。在顶部添加一个"when space key pressed"块，修改值为"when right arrow key pressed"。最后，在 Looks 选项板中拖曳一个"hide"块到循环的最底部来结束程序，如图 10-9 所示。

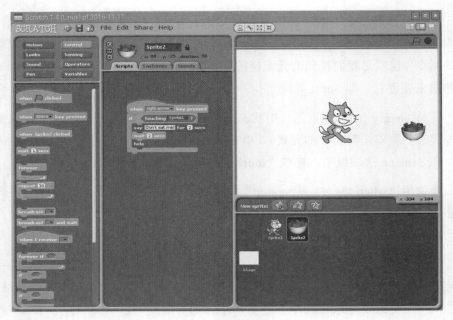

图 10-9   Scratch 的 if 块来控制奶酪泡芙

　　双击舞台上的猫元素来编辑它的脚本，cheesy-puffs 的脚本会消失，但不用担心，它仍然被保存着，只有当你编辑它的时候才会出现。

布尔逻辑

　　布尔逻辑的命名是为了纪念 George Boolean，布尔逻辑或者布尔代数是理解计算机工作原理的核心。在 Scratch 中，布尔逻辑由 3 个操作块来实现：and、or 和 not。

　　and 操作需要两个输入（例如在 Scratch 中的 Sensing 块），如果两个输入都是真，那么输出为真。如果有一个为假或者都为假，则输出为假。例如你可以利用该操作符来判断一个元素是否同时碰到另外两个元素。

　　对于 or 操作符，如果输入中至少一个为真，那么输出为真。这是一个很好的代码重用方法：如果有很多元素对某个目标元素是致命的，那我们只需要一个代码块和 or 操作符来达到任意一个元素碰到目标元素时候就触发程序的目的。

　　最后，not 操作符是一个反相器：无论输入是什么，输出是输入的相反值。如果输入是假，输出为真；如果输入是真，输出为假。

拖曳一个"if"块和另一个"touching?"块，这一次修改"Sensing"块为"if touching Sprite2?"。在该块中，添加一个"wait 1 secs"控制块，修改值为2，再添加一个"say Hello!"块和"wait 2 secs"块，修改值为"Yum-yum-yum!"。最后，从底向上拖曳整个程序块，使底部和"move 10 steps"下边的"when right arrow key pressed"连接。最终的程序如图10-10所示。

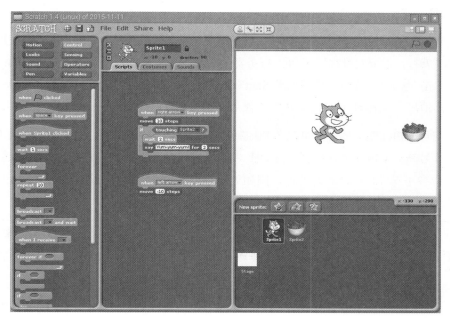

图 10-10 简单的 Scratch 游戏程序完整代码

如果你用右箭头键将猫向奶酪泡芙移动，游戏就开始了，当猫到达奶酪泡芙旁，对话会出现，同时奶酪泡芙会消失。

虽然这个例子有效地引入了一些重要的编程概念，但它不是最好的游戏编程方法。Scratch 包含一个**消息广播**系统，可以让一个对象的代码与另一个对象的代码交互，从而创建更简单、简洁的碰撞效果，而不依赖于精心策划的定时处理。

为了对广播方法进行实验，可以尝试控制选项板中的"broadcast"和"when I receive"块。对象中广播的消息会触发某一个包含 when I receive 标识的对象，这意味着你可以用它把多个对象连接起来。

10.5　Scratch 硬件接口编程

虽然 Scratch 在设计时主要考虑了编程操作简单方便，但它也是一种功能齐全的编程语言，包括对树莓派 GPIO 端口硬件的控制。GPIO 端口位于树莓派板的上方边缘，可以与外部硬件连接，外部硬件可以是复杂的扩展板，也可以是单个开关和 LED，硬件具体介绍详见第 14 章。

通过 Scratch 控制树莓派 GPIO 端口还需要一些其他的步骤，并不是简单地在屏幕上移动就行，需要用到启用 GPIO 服务器的软件。这里可以通过两种方式来启动：一种是单击"编辑"（Edit）菜单，选择"Start GPIO Server"；另一种是通过读取 gpioserveron 的广播消息在 Scratch 程序中启用它，然后在不再需要时使用 gpioserveroff 来禁用。

启用 GPIO 服务器后，可以单独控制 GPIO 端口的每个引脚。Scratch 使用 GPIO 引脚编号来对 GPIO 进行控制，Scratch 中的引脚编号并不是处理器的物理引脚编号。具体请参考第 14 章的相关内容，例如处理器物理引脚编号为 11，而在 Scratch 中引脚表示为 GPIO Pin 17。

警告　　　如果 GPIO 引脚连接错误，或者连接的外部硬件工作电压超过 3.3 V，都有可能损坏树莓派。在连接外部分硬件到 GPIO 端口前，你一定要确保 GPIO 引脚和电压正确。

要在 Scratch 中编写程序控制 GPIO 端口，首先应翻到 14.4.1 节，参考其中介绍的电路来编写程序。然而本章不是使用 Python 编程，而是使用 Scratch 编程语言，下面简单介绍使用 Scratch 语句块来编写 GPIO 输出程序（见图 10-11）。

```
when flag clicked
broadcast gpioserveron
broadcast config17out
forever
  broadcast gpio17on
  wait 2 secs
  broadcast gpio17off
  wait 2 secs
```

单击旗帜图标运行程序，可以看到连接到物理引脚 11（Scratch 中 GPIO Pin 17）的 LED 是每两秒闪烁一次。如果没有看到效果，请仔细检查接线（仔细检查引脚编号，确保已将 LED 连接到 GPIO 物理引脚 11 上）是否正确，LED 正负极连接是否正确。

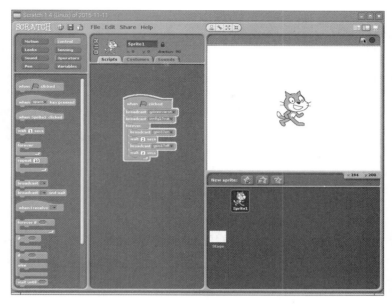

图 10-11 Scratch 编程控制 LED 闪烁

要编写输入程序，请参考 14.4.2 节介绍的电路来编写程序。下面简单介绍使用 Scratch 语句块来编写 GPIO 输入程序（见图 10-12）。

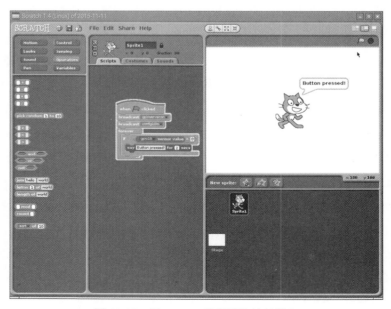

图 10-12 用 Scratch 编程读取按键输入

```
when flag clicked
broadcast gpioserveron
broadcast config18in
forever
  if gpio18 sensor value = 0
    say Button pressed! for 2 secs
```

单击旗帜图标运行程序，每次按下按键，屏幕上都会有显示消息。要实现更复杂的硬件功能，可以将 LED 和按键结合起来，通过按键控制 LED：按下按键后，LED 开始闪烁。

10.6　延伸阅读

尽管本章尽力对 Scratch 做了简短的介绍，而且是非常粗略的，但是对于年轻的读者来说，还是有些冗长，他们往往在大量彩色图片的辅助下才能够更快地学习。

Scratch 官方网站的 Support 板块由麻省理工学院主办，包含了《入门手册》的 PDF 格式文件获取方式。该手册使用丰富多彩且对儿童友好的方式介绍 Scratch，是一个很好的学习工具。这样的学习经验可以进一步通过结合 Scratch Cards 加强。Scratch Cards 是可下载的 flash 卡片，包含了 Scratch 中每种类型块的说明和解释。但是请注意，这些文档是基于 Scratch 的新版本，而不是目前 Raspbian 提供的版本。虽然技术是相同的，但是不同版本之间的用户界面差别很大。

麻省理工学院还为 Scratch 开设了论坛，让软件爱好者共同学习和分享解决方案。该网站对会员是免费的，网站在树莓派 Raspbian 发行版的 Web 浏览器下工作正常。

要了解有关用 Scratch 编写 GPIO 端口程序的更多信息，请访问树莓派的官方网站并查看 "Help" 下的文档。这里提供了 GPIO 端口编程示例，将 Scratch 程序下载到树莓派上运行的相关软件，还有第 16 章中介绍的 Sense HAT 等扩展硬件编程相关的信息。

然而，最简单的推进 Scratch 学习的方法就是玩。Scratch 的名称就来源于唱片：当 DJ 旋转唱片时，盘针发出的摩擦声就称为 Scratch。正如 DJ 将一首已有的歌曲混响成一部新曲，Scratch 鼓励爱好者在官方网站提交自己的作品供他人下载、检查和修改。Scratch 网站目前拥有超过 550 万个程序，成为一个学习如何创建 Scratch 项目并与他人分享自己想法的完美资源库。但是请注意，截止到本书英文版编写时，最新的一些项目是用 Scratch 2.0 编写的，这和树莓派上的 Scratch 版本是不兼容的。你可以搜索那些用 Scratch 1.4 创建的项目，确保它们和树莓派兼容。

第 11 章
Python 编程

树莓派（Raspberry Pi）名字的前一半 Raspberry 来自一个悠久的传统，用水果名称来命名新的计算机系统（从典型的微型计算机如橡果、杏、橙子到公认的现代品牌，其中包括苹果和黑莓），而树莓派名字的另一半 Pi 则来自 **Python** 编程语言。

11.1 Python 简介

Python 具有灵活强大的功能，最初是由 Guido van Rossum 在 20 世纪 80 年代末开发的 ABC 语言的继承语言。自推出以来，由于 Python 清晰的语法和良好的代码可读性，它已经相当普及。

Python 是一种高级程序设计语言，这意味着 Python 代码是用可读性很强的英语编写的，用简单易学的方式向树莓派提供命令。这与**低级语言**（如汇编）形成了鲜明的对比。汇编语言更接近计算机"思维"，但让一个没有经验的人用它来编程几乎是不可能的。对于想要学习编程的人来说，高级与自然清晰的语法使 Python 成为一个有价值的工具。它也是树莓派基金针对那些不满足于 Scratch 且在寻求进步的人推荐的语言。

Python 是开源的，同时免费提供给 Linux、macOS X 和 Windows 等计算机系统。跨平台支持的意思是用树莓派开发的 Python 软件可以运行于几乎所有操作系统上，除非程序使用了特定的硬件，例如 GPIO（通用输入/输出）端口外。要了解如何用 Python 来解决这个端口问题，请参见第 14 章。

11.2 例 1：Hello World

正如在第 10 章所说，学习新的编程语言最简单的方法是创建一个项目并在屏幕上输出"Hello World！"。从无到有，你只需拖放预先写好的代码，但在 Python 中，你必须完全手工编写这个程序。

一个 Python 项目本质上就是一个包含了计算机执行指令的文本文件，这个文件可以使用任何文本编辑器创建。如果你喜欢在控制台上工作，或在终端窗口中，你可以使用 nano；如果你喜欢图形用户界面（GUI），可以使用 Leafpad。另一种方法是使用集成开发环境（Integrated Development Environment, IDE），例如 IDLE，它提供了 Python 特定的功能。IDLE 不仅仅是一个标准的文本编辑器，而且包括语法检查、调试设备，同时能够运行程序而无须离开编辑器。本章会教你如何使用 IDLE 创建 Python 文件，当然，IDE 的选择还是由你决定。本章还包括直接从终端上运行你编写的程序，你可以使用任何文本编辑器或结合其他 IDE。

接下来我们开始 Hello World 项目，从 Raspbian 发行版的桌面环境的编程菜单中打开 Python 2（IDLE）。如果你不使用 IDLE，请跳过本段。在你喜爱的文本编辑器中，创建一个空白文档，默认情况下，IDLE 打开了 **Python Shell** 模式（见图 11-1），所以你的任何输入将在初始窗口中立即执行。要打开一个新的可执行 Python 项目，请单击菜单栏的"File"菜单，选择"New File"即可。

图 11-1　IDLE 的 Python Shell 窗口

提示

在程序菜单中选择 Python 3（IDLE）会载入 Python 3 版本。用该版本的 Python 编写程序，和 Python 2 在语言的格式或称语法方面有着微妙的不同。本章展示的例子均由 Python 2 编写，如果你选择 Python 3 版本，可能会导致 Python 2 编写的程序出现问题，因此请确保你载入的是 Python 2（IDLE）而不是 Python 3（IDLE）。

总用一行被称为"**Shebang**"的代码开始 Python 程序是很好的做法，它通常由"#"（Sharp）和"!"（Bang）两个字符开头，由此而得名。这一行告诉操作系统在哪里寻找 Python 解释器。虽然这对于运行在 IDLE 或显式地在终端调用 Python 解释器不是必要的，但对于直接调用该程序的文件名运行程序是必要的。

为确保程序在运行时不依赖于 Python 可执行文件的安装目录，你的程序第一行应为如下内容。

```
#!/usr/bin/env python
```

这一行告诉操作系统查找 $PATH 环境变量（这是 Linux 存储可执行程序位置的变量）来寻找 Python 解释器的位置，它在任何树莓派的 Linux 发行版上都应该可以运行。$PATH 环境变量包含了一系列可执行文件的存储路径，当你在控制台或终端窗口输入它们的名称时可以查找对应的程序。

为了实现打印消息这一目标，你应该使用 Python 的 print 命令。正如它的名字一样，该命令可以将文本打印到一个输出设备，默认情况下打印到控制台或正在执行的程序终端窗口。print 命令的用法很简单：任何跟在 print 后并放在引号之间的文本将被打印到标准输出设备。你可以在新项目中输入以下命令。

```
print "Hello, World!"
```

最终程序编写如下所示。

```
#!/usr/bin/env python
print "Hello, World!"
```

如果你使用 IDLE 而不是纯文本编辑器创建示例程序，则会发现文字是彩色的（见图 11-2，在本书中不同深浅的灰色代表不同的颜色）。这是一个被称为语法高亮的功能，是一个集成开发环境（IDE）和更先进的文本编辑工具的特性。为了使程序更易于理解、一目了然，语法高亮功能会根据代码段的功能改变颜色。

这使它很容易发生语法错误，例如忘记在 print 命令最后加引号，或忘记注释掉无关程序。对于这个简单的例子，语法高亮是没有必要的，但在较大的程序中，它是用于查找错误的一个非常宝贵的工具。

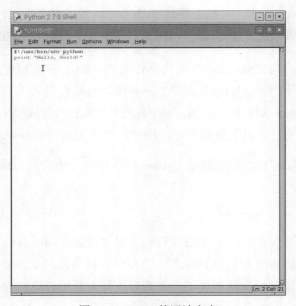

图 11-2   IDLE 的语法高亮

在运行程序之前，使用"File"菜单将它保存为 helloworld.py。如果你使用 IDLE，该文件将自动加上.py 扩展名。如果你使用文本编辑器，保存它时一定要输入.py 的文件扩展名（不是.txt）。该扩展名表示该文件包含 Python 代码，虽然 Python 同样能够运行不同的文件扩展名的程序文件。

运行该文件的方法取决于你是否使用 IDLE 或文本编辑器。在 IDLE 中，只需从运行菜单选择"运行"模块，或者按键盘上的 F5 键。这样会切换 IDLE 到 Python shell 窗口并运行程序（见图 11-3）。然后，你应该看到屏幕上显示的蓝色"Hello World!"（见图 11-3）。如果没有，请检查你的语法，特别是检查 print 那一行开始和结束的引号。

如果在一个文本编辑器中创建了 helloworld.py 程序，你需要从桌面上的"附件"菜单中打开一个终端窗口。如果你将文件保存在 home 目录以外的任何地方，还必须使用 cd 命令切换到该目录（请参见第 3 章）。切换到正确的目录后，你可以输入以下命令运行程序。

图 11-3 在 IDLE 上运行 helloworld.py

```
python helloworld.py
```

以上命令告诉操作系统运行 Python，然后加载 helloworld.py 文件。不同于 IDLE 的 Python shell，当执行到文件末尾时，Python 会退出并返回到终端，但是结果是一样的，"Hello, World!"被打印到标准输出设备（见图 11-4）。

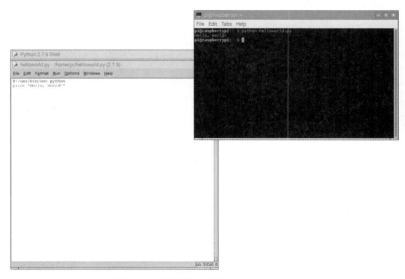

图 11-4 在终端中运行 helloworld.py

让 Python 程序可执行

通常，运行 Python 程序的唯一方法是告诉 Python 软件打开该文件。但对于头部有 shebang 的文件，可以直接执行该文件而无须先调用 Python 解释器。这是一个可行的方法，可以使自己开发的工具在终端执行：一旦把它的位置加入到系统的 $ PATH 环境变量中，该 Python 程序可以直接通过它的名字调用。

首先，你需要告诉 Linux，该 Python 文件的属性应该标记为可执行文件，表示该文件是一个程序。为了保护系统不从互联网上下载恶意软件，系统不会自动设置这个属性，只有手动标记为可执行的文件才可以运行。为了使 helloworld.py 文件可执行，你可以使用 chmod 命令（已在第 3 章中详细介绍过）输入以下内容。

```
chmod +x helloworld.py
```

现在，你可以通过输入以下内容尝试直接运行程序。

```
./helloworld.py
```

尽管你没有调用 Python 程序，helloworld.py 程序运行的结果和输入 python helloworld.py 的结果也是一样的。该程序只能通过它的完整路径（/home/pi/helloworld.py）调用，或者用./在当前目录下调用。为了让这个文件像其他终端命令一样被调用，需要将它复制到/usr/local/bin，可以使用以下命令。

```
sudo cp helloworld.py /usr/local/bin/
```

前缀 sudo 是必需的，出于安全考虑，非授权用户是不能写内容到/usr/local/bin 目录的。/usr/local/bin 已经在$PATH 环境变量里了，helloworld.py 也在/usr/local/bin 里，现在你可以在任意路径下通过名字调用该程序。试着切换到另一个不同的目录，通过以下命令运行程序。

```
helloworld.py
```

为了让开发的程序看起来更像 Linux 命令，你可以重命名文件，去掉.py 后缀。要重命名文件，你只需要在一行中输入以下命令。

```
sudo mv /usr/local/bin/helloworld.py ↵
    /usr/local/bin/helloworld
```

重命名之后，该程序就可以简单地在终端或控制台输入 helloworld 来运行了。

11.3 例2: 注释、输入、变量和循环

虽然 Hello World 程序是一个有用的、简单的语言入门程序，但是并不能让人为之兴奋。它太基础了，甚至都没有引入一些创造一个有用或有趣的程序所必需的概念。下面的例子将使用一些基本工具来创建 Python 的交互程序。

同 11.2 节的例 1 一样，在 IDLE 或文本编辑器中打开一个新的空白文档，然后输入下面的 shebang。

```
#!/usr/bin/env python
```

正如前面所介绍的，这一行不是绝对必要的，除非要将它作为可执行程序，但也没有坏处，这是一个很好的编程习惯。

接下来添加一个注释，方便以后打开该文件时有个参考。请注意，要把注释放在一行里，文中所有以 ↵ 结尾的行与它的下一行为同一行。

```
# Example 2: A Python program from the ↵
  Raspberry Pi User Guide
```

在 Python 中，任何 "#" 号后边的内容（除了像 shebang 行那种出现在程序头部的）都被视为注释。当遇到注释，Python 会忽略它并跳到下一行。注释你的代码是很好的习惯，虽然你现在可能知道某一部分的代码是做什么用的，但当你半年后再次打开该文件时，印象可能就变得模糊了。注释还使代码更易于维护，如果你决定要与其他人分享你的代码，注释能帮助他们明白每个部分是做什么的。对于简单的程序，不一定要添加注释，但是正如为每个程序添加 shebang 一样，写注释是一个很好的习惯。注释可以是单独一行，或在代码行前，或在行尾，Python 会运行未注释的代码，忽略所有注释的内容。

接下来用下面的代码询问用户的名字。

```
userName = raw_input ( "What is your name? " )
```

这一小行代码实际上包含了很多内容，首先，userName = 告诉 Python 创建一个变量（一个存储信息的位置），名称为 userName。等于号告诉 Python 这个变量应该被赋值为右边的内容。然而，本例中右边并不仅仅是一段信息，而是一个命令：raw_input。这是一个接收键盘输入**字符串**（文本）的工具，同时有信息显示在默认输出上来让用户明白要输入什么内容。这让程序变得很简单，不需要专门打印一个

询问语句告诉用户输入的内容，也就是说不需要用到之前讲的 print 命令。记住在询问内容的最后加一个空格，否则用户输入的内容就和我们的询问内容连在一起了。

警告　当让用户输入文本时，请使用 raw_input。这会提供一定的安全性，而单一的 input 命令却不能。如果你只用了 input，用户可能会在程序中注入自己的代码，使程序崩溃或者以另外的方式运行。

现在，用户的名字安全地存在 userName 变量里了，程序可以变得更聪明，用例如用以下代码欢迎用户。

```
print "Welcome to the program,", userName
```

这一行演示了例 1 中介绍的 print 命令的第二个用法：打印变量的内容。该命令被分为两部分：第一部分打印引号中的所有内容，逗号是告诉 print 命令后边还有内容要打印在同一行。你只需简单地用 userName 就可以让 Python 知道要打印它的内容，打印的信息由用户的名字决定。

接下来的例子要实现一个简单易用的计算器。不同于例 1，它会一直运行，直到用户主动结束它。你可以用一个循环来实现这样的效果，就像 Scratch 一样，用以下两行开始一个循环。

```
goAgain = 1
while goAgain == 1:
```

第一行创建了一个名为 goAgain 的变量，其值为 1。第二行开始循环，告诉 Python 当 goAgain 值为 1 时，应该继续循环执行后边的代码。再写后边几行代码时，应当在每行开始用 4 个空格作为**缩进**。这 4 个空格告诉 Python 解释器哪几行属于循环，哪几行不属于循环。如果你使用 IDLE，空格会被自动添加；如果使用文本编辑器，记得手动添加空格。

> **为什么是==**
>
> 之前用一个等号为变量赋值，然而 while 循环却使用两个等号。使用两个等号表示对前后两个变量进行比较，而一个等号表示为左边的变量赋值。
>
> 除了双等号，还有其他比较运算符，只有当变量满足条件才为真：>表示大于，<表示小于，>=表示大于等于，<=表示小于等于，!=表示不等于。

> 使用比较运算符，你可以根据布尔逻辑控制程序流，关于布尔逻辑的详细内容，请参见第 10 章。

对于计算器，最简单的形式是接收两个输入，然后对其进行运算。为了让它工作，首先用以下代码接收用户输入的两个数字。

```
firstNumber = int(raw_input("Type the first number: "))
secondNumber = int(raw_input("Type the second number: "))
```

这几行不仅仅用了 raw_input 来请求用户输入，还用到了 int 命令。int 是**整数（integer）**的缩写，告诉 Python 把用户输入视为整数而不是字符串。这对计算器显然是很重要的，因为计算器不能计算字符串。

有了这两个存有数字的变量后，程序就能进行运算了，用以下代码来对两个数字进行加、减和乘运算，然后输出结果。

```
print firstNumber, "added to", secondNumber, "equals", ↵
firstNumber + secondNumber
print firstNumber, "minus", secondNumber, "equals", ↵
firstNumber - secondNumber
print firstNumber, "multiplied by", secondNumber, "equals", ↵
firstNumber * secondNumber
```

请注意，加法和减法在运算时使用的一般是加号和减号，乘法使用*号。还要注意的是，在引号与引号之间没有格式化的空格。这是因为当 Python 打印的整数和字符串连接在一起时会自动添加空格。最后，请注意，没有除法运算符（例如"/"号）。这是因为该计算器程序使用整数操作数，不允许带小数位或分数。

尽管计算的部分已经完成，但它会一直运行下去，因为目前还没有告诉 Python 什么时候退出循环。为了给用户提供退出程序的方式，需要添加以下内容。

```
goAgain = int(raw_input("Type 1 to enter more numbers, ↵
or any other number to quit: "))
```

它让用户能够修改 goAgain 的值，通过 goAgain 控制 while 循环。如果用户输入 1，goAgain 变量仍然等于 1，循环继续；如果用户输入其他数字，比较运算将返回假（goAgain 不等于 1），循环结束。

完整的程序如下，注意 ↵ 的意思是上下两行需要相互衔接写在同一行。

```
#!/usr/bin/env python
```

```
# Example 2: A Python program from the Raspberry Pi User Guide
userName = raw_input ( "What is your name? " )
print "Welcome to the program,", userName
goAgain = 1
while goAgain == 1:
    firstNumber = int ( raw_input ( "Type the first number: " ))
    secondNumber = int ( raw_input ( "Type the second number: " ))
    print firstNumber, "added to", secondNumber, "equals", ↵
    firstNumber + secondNumber
    print firstNumber, "minus", secondNumber, "equals", ↵
    firstNumber - secondNumber
    print firstNumber, "multiplied by", secondNumber, "equals", ↵
    firstNumber * secondNumber
    goAgain = int ( raw_input ( "Type 1 to enter more numbers, or ↵
    any other number to quit: " ))
```

把程序存为 calculator.py，在 IDLE 的 "Run" 菜单中选择 "Run Module" 或者在终端用 python calculator.py 命令来运行该程序。提示输入 username 的时候就输入你的名字，然后输入你想计算的两个数字（见图 11-5），当感觉无聊的时候，输入其他不是 1 的数字就可以退出程序。

图 11-5　在 IDLE 中运行 calculator.py

更多的小程序和 Python 的重要概念，请参阅 Python Simple Programs 官方 wiki。

11.4　例 3：用 pygame 开发游戏

为了说明 Python 的强大，该示例基于经典的贪吃蛇游戏，创建了一个功能全面的电子游戏。要做到这一点，需要使用一个 Python 的外部库 **pygame**。

pygame 最初由 Pete Shinners 开发，它是一个 Python 模块集，能够为 Python 添加新的功能，这些功能使开发者很容易用 Python 写一个游戏。pygame 模块提供了现代游戏所需的功能，包括声音、图形和网络支持。虽然不使用 pygame 也可以编写游戏，但如果你充分利用 pygame 库中已经写好的代码，开发游戏要容易得多。

如果你安装的是 Raspbian 操作系统，pygame 库是默认已经安装好的。对于其他发行版，可以通过 pygame 的官方网站下载源文件，安装指导也可以在相应页面中找到。

打开 pygame 项目和打开其他 Python 项目的方法一样。在 IDLE 或文本编辑器中新建一个空文档，在顶部添加如下的 shebang。

```
#!/usr/bin/env python
```

然后你需要告诉 Python 该程序用到了 pygame 模块。为了实现这个目的，我们用一个 import 指令。该指令告诉 Python 载入外部模块（其他 Python 文件），同时让外部模块在该程序中可用。输入如下两行代码在新项目中引入必要的模块。

```
import pygame, sys, time, random
from pygame.locals import *
```

第一行引入 pygame 的主模块、sys 模块、time 模块和 random 模块，它们都会在本程序中用到。通常情况下，一个模块必须通过如下格式使用：模块的名字+"."+模块内的指令。而第二行告诉 Python 载入 pygame.locals 的所有指令，使它们成为原生指令。这样，你使用这些指令的时候就不需要很多代码，而其他模块名（例如 pygame.clock，它与 pygame.locals 独立）必须使用全名调用。

输入如下两行代码来启用 pygame，这样 pygame 在该程序中就可用了：

```
pygame.init()
fpsClock = pygame.time.Clock()
```

第一行告诉 pygame 要初始化，第二行创建一个名为 fpsClock 的变量，该变量用来控制游戏的速度，然后，用以下两行代码新建一个 pygame 显示层（游戏元素画布)。

```
playSurface = pygame.display.set_mode((640, 480))
pygame.display.set_caption('Raspberry Snake')
```

接下来，你应该定义一些颜色。虽然这一步并不是必需的，但它会减少你的代码量。如果想把一个对象设置为红色，你只需要使用 redColour 变量而不用调用 pygame.Color 指令，也不需要记住红绿蓝 3 种颜色值。下面的代码定义了程序中的颜色。

```
redColour = pygame.Color(255, 0, 0)
blackColour = pygame.Color(0, 0, 0)
whiteColour = pygame.Color(255, 255, 255)
greyColour = pygame.Color(150, 150, 150)
```

以下几行代码初始化了一些程序中用到的变量。这是很重要的一步，因为如果游戏开始时这些变量为空，Python 将无法正常运行。别担心自己会看不懂这些变量，先输入如下代码(只是不要漏掉了右边的逗号和方括号)。

```
snakePosition = [100,100]
snakeSegments = [[100,100],[80,100],[60,100]]
raspberryPosition = [300,300]
raspberrySpawned = 1
direction = 'right'
changeDirection = direction
```

可以看到有 3 个变量(snakePosition、snakeSegments 和 raspberryPosition)被设置为用逗号分隔的列表，这会使 Python 创建**列表变量**(一个变量中存有多个值)。之后，你会了解到如何访问列表中的某个值。

然后你需要定义一个新的函数(Python 代码片段，在后边的程序中可以被调用)。函数可以提高代码复用率，也使程序易读。如果程序中很多地方用到了同样的命令，用 def 来创建一个函数，这样就可以只定义它们一次，而且如果程序需要修改，就只需要修改一个地方。你可以用以下几行代码来定义函数 gameOver。

```
def gameOver():
    gameOverFont = pygame.font.Font ↵
    ('freesansbold.ttf', 72)
    gameOverSurf = gameOverFont.render ↵
    ('Game Over', True, greyColour)
    gameOverRect = gameOverSurf.get_rect()
    gameOverRect.midtop = (320, 10)
```

```
playSurface.blit(gameOverSurf, gameOverRect)
pygame.display.flip()
time.sleep(5)
pygame.quit()
sys.exit()
```

类似循环，函数中的代码应该缩进。def后边每行代码开头都应该有4个空格的缩进。如果你用的是IDLE，这些空格会被自动添加；但是如果你用的是文本编辑器，就需要手动添加空格。函数最后一行（sys.exit()）之后就不需要缩进了。

gameOver函数用了一些pygame命令来完成一个简单的任务：用大号字体将"Game Over"打印在屏幕上，并停留5 s，然后退出pygame和Python程序。在游戏开始之前就定义了结束函数，这看起来有点奇怪，但是所有的函数都应该在被调用前定义。Python是不会自己执行gameOver函数的，除非我们调用该函数。

程序的开头部分已经完成，接下来进入主要部分。该程序运行在一个无限循环（永不退出的while循环）中，直到蛇撞到墙或者自己的尾巴才会导致游戏结束。用以下代码开始主循环。

```
while True:
```

没有其他的比较条件，Python会检测True是否为真。由于True一定为真，因此循环会一直进行，直到你调用gameOver函数告诉Python退出该循环。

输入如下代码，注意代码缩进等级。

```
for event in pygame.event.get():
    if event.type == QUIT:
        pygame.quit()
        sys.exit()
    elif event.type == KEYDOWN:
```

第一行紧接着while循环的开始处，作为循环体部分，应该缩进4个空格。但是它本身也是一个循环，用for指令来检测例如按键等pygame事件。这样，后边的代码应该进一步缩进4个空格，总共8个空格。然后用if指令来判断用户是否按下了某个键，所以下一行（pygame.quit()）应该再进一步缩进，共12个空格。这种处理缩进的方式告诉Python循环开始和结束的位置，这是很重要的：如果使用了错误的缩进，程序就不能正确地运行。这就是使用类似IDLE这样的开发环境的原因，它会自动添加缩进，这比使用纯文本编辑器要方便多了。

　　一个 if 语句告诉 Python 检测某条件是否为真。第一个判断 if event.type == QUIT 告诉 Python 如果 pygame 发出了 QUIT 信息（当用户按下 Esc 键），执行如下缩进的代码。之后的两行类似 gameOver 函数：通知 pygame 和 Python 程序结束并退出。

　　elif 开头的行用来扩展 if 语句，它是 else if 的缩写，当前边的 if 条件判断为假，将判断 elif 后边的条件。在本例中，elif 指令用来检测 pygame 是否发出 KEYDOWN 信号，该信号在用户按下键盘时返回。类似于 if 命令，当 elif 后的条件为真，将执行其后相应的缩进代码。输入如下代码，当用户按下某键，elif 命令会执行。

```
if event.key == K_RIGHT or event.key == ord('d'):
    changeDirection = 'right'
if event.key == K_LEFT or event.key == ord('a'):
    changeDirection = 'left'
if event.key == K_UP or event.key == ord('w'):
    changeDirection = 'up'
if event.key == K_DOWN or event.key == ord('s'):
    changeDirection = 'down'
if event.key == K_ESCAPE:
    pygame.event.post(pygame.event.Event(QUIT))
```

　　这些命令可以修改变量 changeDirection 的值，该变量用于控制蛇的运动方向。在 if 后边用 or 命令来添加更多的比较条件。本例提供了两种控制蛇的方法：用键盘的光标键或者 W、A、S 和 D 键，来让蛇向上、左、下和右移动。程序开始时，蛇会按照 direction 预设的值向右移动，直到用户按下键盘改变其方向。

　　变量 direction 和 changeDirection 在一起使用，用来检测用户发出的命令是否有效。蛇不应该立即向后运动（如果发生该情况，蛇会死亡，同时游戏结束）。为了防止这样的情况发生，用户发出的请求（存储在 changeDirection 里）应该和目前的方向（存储在 direction 里）进行比较，如果方向相反，则忽略该命令，蛇会继续按原方向运动。用如下几行代码来进行比较，并交替缩进 4 个空格和 8 个空格。

```
if changeDirection == 'right' and not direction == 'left':
    direction = changeDirection
if changeDirection == 'left' and not direction == 'right':
    direction = changeDirection
if changeDirection == 'up' and not direction == 'down':
    direction = changeDirection
if changeDirection == 'down' and not direction == 'up':
```

```
        direction = changeDirection
```

这样就保证了用户输入的合法性，蛇（屏幕上显示为一系列块）就能够按照用户的输入移动。每次转弯时，蛇会向该方向移动一小节。每个小节为 20 像素，你可以通过 pygame 让蛇朝任何方向移动一小节，输入如下代码。

```
if direction == 'right':
    snakePosition[0] += 20
if direction == 'left':
    snakePosition[0] -= 20
if direction == 'up':
    snakePosition[1] -= 20
if direction == 'down':
    snakePosition[1] += 20
```

这里的"+="和"-="操作符用来改变变量的值："+="将变量的值设置为原值和新值的和，"-="将变量设置为原值和新值的差。在本例中，snakePosition[0] += 20 其实是 snakePosition[0] = snakePosition[0] + 20 的简写。snakePosition 后边方括号中的数字表示列表中的一个项目：第一个数表示 X 轴对应的值，第二个数字代表 Y 轴对应的值，原点（0，0）表示左上角。因为 Python 从 0 开始计数，所以 X 轴用 snakePosition[0]控制，Y 轴用 snakePostion[1]控制。如果列表更长，其他项目通过增加方括号中的值来访问，如[2]、[3]。

snakePosition 通常是两个值的长度，而程序开头创建的另一个列表变量 snakeSegments 却不是这样。该列表存储蛇身体的位置（头部后边）。随着蛇吃掉树莓导致蛇的长度增加，列表会增加长度同时提高游戏难度：随着游戏进行，避免蛇头撞到身体的难度越来越大。如果蛇头撞到身体，就会死亡，同时游戏结束，可用以下代码使蛇身体增长。

```
snakeSegments.insert(0,list(snakePosition))
```

这里用 insert 指令向 snakeSegments 列表（存有蛇当前的位置）中添加新项目。每当 Python 运行到该行，它都会将蛇的身体增加一节，同时将这节放在蛇的头部。在玩家看来蛇在增长。当然，你只希望当蛇吃到树莓时才增长，否则蛇会一直移动。输入如下几行代码。

```
if snakePosition[0] == raspberryPosition[0] ↵
and snakePosition[1] == raspberryPosition[1]:
    raspberrySpawned = 0
```

```
else:
    snakeSegments.pop()
```

第一条命令检查蛇头部的 *X* 和 *Y* 坐标是否等于树莓（玩家的目标点）的坐标。如果相等，蛇就会吃掉该树莓，同时 raspberrySpawned 变量置为 0。else 命令告诉 Python 如果树莓没有被吃掉所要做的事：将 snakeSegments 列表中最早的数值 pop 出来。

pop 命令简单易用：它返回列表中最后的数值并从列表中删除，使列表缩短一项。在 snakeSegments 列表里，它使 Python 删掉距离头部最远的一部分。在玩家看来，蛇整体在移动而不会增长。实际上，它在一端增加一小节，在另一端删除一小节。由于有 else 语句，pop 命令只有在没吃到树莓的时候执行；如果吃到了树莓，列表中的最后一项就不会被删掉，所以蛇会增加一小节。

现在，蛇就可以通过吃树莓来让自己变长了。但是游戏中只有一个树莓的话就有些无聊，所以如果蛇吃了一个树莓，就用以下代码在游戏界面中增加一个新的树莓。

```
if raspberrySpawned == 0:
    x = random.randrange (1,32)
    y = random.randrange (1,24)
    raspberryPosition = [x*20,y*20]
    raspberrySpawned = 1
```

这部分代码通过判断变量 raspberrySpawned 是否为 0 来判断树莓是否被吃掉了，如果被吃掉，使用程序开始引入的 random 模块获取一个随机的位置，然后将这个位置和蛇的每个小节的长度（20 像素宽，20 像素高）相乘来确定它在游戏界面中的位置。随机地放置树莓是很重要的，这样可以防止用户预先知道下一个树莓出现的位置。最后，将 raspberrySpawned 变量置为 1，以此保证每个时刻界面上只有一个树莓。

现在有了让蛇移动和生长所需的代码了，包括树莓的被吃和新建操作（游戏中称为树莓重生），但是你还没有在界面上画东西。输入如下代码。

```
playSurface.fill(blackColour)
for position in snakeSegments:
    pygame.draw.rect(playSurface,whiteColour,Rect ↵
    (position[0], position[1], 20, 20))
pygame.draw.rect(playSurface,redColour,Rect ↵
    (raspberryPosition[0], raspberryPosition[1], 20, 20))
pygame.display.flip()
```

　　这些代码让 pygame 填充背景色为黑色，蛇的头部和身体为白色，树莓为红色。最后一行的 pygame.display.flip()，让 pygame 更新界面；如果没有这条命令，用户将看不到任何东西。每次当你在界面上画完对象时，记得使用 pygame.display.flip() 让用户看到更新。

　　现在还没有涉及蛇死亡的代码。如果游戏中的角色永远死不了，玩家很快就会感觉无聊的，所以可以用如下代码来设置一些让蛇死亡的场景。

```
if snakePosition[0] > 620 or snakePosition[0] < 0:
    gameOver()
if snakePosition[1] > 460 or snakePosition[1] < 0:
    gameOver()
```

　　第一个 if 语句检查蛇是否已经走出了界面的上下边界，第二个 if 语句检查蛇是否已经走出了左右边界。这两种情况都是蛇的末日：触发前面定义的 gameOver 函数，打印游戏结束信息并退出游戏。如果蛇头撞到了自己身体的任何部分，也会让蛇死亡，所以需要输入如下几行代码。

```
for snakeBody in snakeSegments[1:]:
    if snakePosition[0] == snakeBody[0] and ↵
    snakePosition[1] == snakeBody[1]:
        gameOver()
```

　　这里的 for 语句遍历蛇的每一小节的位置（从列表的第二项开始到最后一项），同时和当前蛇头的位置比较。这里你可以用 snakeSegments[1:] 来保证从列表第二项开始遍历。列表第一项为头部的位置，如果从第一项开始比较，那么游戏刚开始，蛇就死亡了。

　　最后，你只需要设置 fpsClock 变量的值即可控制游戏速度。如果没有这个变量（在程序开始处创建），游戏会变得太快而无法正常玩。输入如下代码完成程序。

```
fpsClock.tick(20)
```

　　如果你觉得游戏太简单或者太慢，可以增大这个参数；如果觉得太快或者太难，可以减小这个参数。把程序存为 raspberrysnake.py，使用 IDLE 的 "Run Module" 选项或者在终端中输入 **python raspberrysnake.py** 来运行程序。游戏会在载入程序后立即开始（见图 11-6），所以确认自己准备就绪吧！

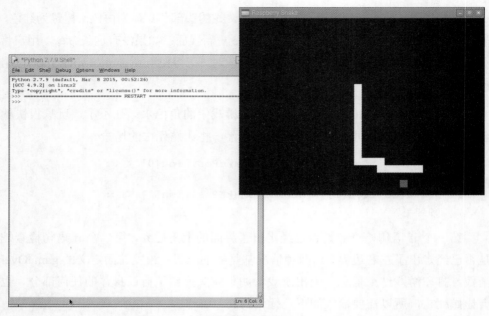

图 11-6　在树莓派上运行 Raspberry Snake

Raspberry Snake 的完整源代码在附录 A 中。直接从网上下载源码可以节省时间，不过自己输入代码也是一个很好的学习方法，可以确保你明白每个部分的功能。除了 Raspberry Snake 所用到的功能，pygame 还提供了很多该程序未涉及的功能，例如音频播放、图形美化处理、鼠标操作等。最好的学习 pygame 的地方是官方网站，你可以下载学习资料和实例程序来进一步掌握其用法。

11.5　例 4：Python 与网络

目前，你已经学会了如何用 Python 开发独立的程序，但是 Python 还可以通过计算机的网络连接外部世界并与之交互。下面的例子（由 Tom Hudson 开发）演示了一个监测用户连接到 Internet Relay Chat（IRC）频道的程序。

和之前一样，用 IDLE 或者文本编辑器新建一个项目，输入如下的 shebang 和注释。

```
#!/usr/bin/env python
# IRC Channel Checker, written for the ↵
Raspberry Pi User Guide by Tom Hudson
```

然后引入该程序需要的模块: sys、socket 和 time。

```
import sys, socket, time
```

在前边的贪吃蛇程序中, 我们已经使用了 sys 和 time 模块, 但是还没有涉及 socket 模块。socket 模块提供了网络套接字打开与关闭、读取数据和写入数据的方法, 为 Python 提供了初步的网络功能。通过该模块, 我们可以连接到 IRC 服务器。

该程序用到一些**常量**。常量和变量一样有自己的值, 但是不同的是常量的值不能改变。为了区分常量和变量, 比较好的方法是用大写字母定义常量, 这样就可以很容易判断代码是变量还是常量。但请注意, Python 本身对于常量与变量并没有区别, 使用大写或小写只是对程序员编程有所帮助。你可以在程序中输入如下代码。

```
RPL_NAMREPLY = '353'
RPL_ENDOFNAMES = '366'
```

这是 IRC 的**状态码**, 当服务器完成某操作时返回, 它们用于确定从 IRC 服务器返回名字列表的时间。接下来, 用以下代码设置一些连接服务器需要的变量。

```
irc = {
    'host': 'chat.freenode.net',
    'port': 6667,
    'channel': '#raspiuserguide',
    'namesinterval': 5
}
```

第一行告诉 Python 创建一个**字典**类型的变量。字典变量允许存储多个变量值。每个单一的变量值在后边的程序中都可能会用到。当然你也可以不用字典变量, 不过这样会让程序变得不易读。字典变量以花括号作为开始和结束标记。

这里设置 host 变量为 IRC 服务器的全称域名(fully qualified domain name, FQDN)。在本例中为 chat.freenode.net, 如果你想连接其他服务器, 只需更改这个名字即可。port 变量告诉程序 IRC 运行的网络端口, 一般来说是 6667。channel 变量告诉 Python 加入哪一个频道来监控用户, namesinterval 控制用户列表刷新的时间, 以秒为单位。

用另一个字典变量存储用户信息如下。

```
user = {
    'nick': 'botnick',
```

```
        'username': 'botuser',
        'hostname': 'localhost',
        'servername': 'localhost',
        'realname': 'Raspberry Pi Names Bot'
}
```

　　类似 irc 变量，所有的变量都存储在一个叫 user 的字典变量中，这样很容易确定哪个变量是属于哪个部分的。nick 变量是 IRC 的昵称。如果你想同时发起多个连接到 IRC 服务器，不要使用你的常用昵称；在名字后边加-bot 来表示连接服务器的是程序而不是实际的用户。和 username 一样，在 realname 中填入一些描述性文字，用于表示程序的属主信息。hostname 和 servername 变量可以设置为 localhost，或者设为你的 IP 地址。

　　socket 模块需要用户创建一个 socket 对象，该对象提供程序所需的网络连接。你可以用以下代码创建 socket 对象。

```
s = socket.socket(socket.AF_INET, socket.SOCK_STREAM)
```

　　然后，你需要告诉程序连接在程序开头定义的 IRC 服务器，输入如下代码。

```
print 'Connecting to %(host)s:%(port)s...' % irc
try:
    s.connect((irc['host'], irc['port']))
except socket.error:
    print 'Error connecting to IRC server ↵
    %(host)s:%(port)s' % irc
    sys.exit(1)
```

　　try 和 except 命令用于**异常处理**。如果系统连接服务器失败，例如树莓派未联网或者服务器维护关闭，程序会打印一行错误信息并正常退出。s.connect 这行告诉 socket 模块，使用 irc 字典变量中的 host 和 port 变量尝试连接 IRC 服务器。

　　如果程序没有发生异常并退出，说明成功连接到了 IRC 服务器。在你获取姓名列表之前，服务器需要鉴别你的身份，可以使用 send 函数来向 socket 模块发送数据，输入如下代码。

```
s.send('NICK %(nick)s\r\n' % user)
s.send('USER %(username)s %(hostname)s ↵
 %(servername)s:%(realname)s\r\n' % user)
s.send('JOIN %(channel)s\r\n' % irc)
s.send('NAMES %(channel)s\r\n' % irc)
```

send 函数的用法基本上和 print 函数一样，除了不会打印东西到标准输出（一般为终端窗口或控制台），它将输出发送到网络连接。在本例中，程序发送一些字符串到 IRC 服务器，接着是回车符（\r）和换行符（\r），模拟用户按下回车键，告知服务器注册自己的昵称（存在 nick 变量中）和其他详细信息（用户详细信息保存在 username、hostname、servername 和 realname 变量中）。然后，程序发送加入频道的命令，最后发送获取该频道所有用户名字的命令。虽然该程序是为 IRC 定制的，但相同的基本原理可以用在任何其他网络服务上，修改该程序，就可以通过 FTP 服务获取文件列表或者通过 POP3 服务获取未读邮件列表。

从 socket 获取数据相对来说要复杂些。首先，你需要创建一个空字符串变量，作为**接收缓冲区**来接收服务器发送的数据。你可以用以下代码初始化该缓冲区。

```
read_buffer = ''
```

注意后边是两个单引号，不是一个双引号。

然后创建一个空列表用来存储用户的姓名，输入以下代码。

```
names = []
```

这个列表类型和之前贪吃蛇游戏用来存储蛇的位置的列表类型相同。和一般的变量不同，它可以存储多个值，在本例中用于存储 IRC 频道中用户的姓名。

下一步是创建一个死循环，用来连续地向服务器发出请求用户列表的命令，同时打印在屏幕上。用如下代码开始循环。

```
while True:
    read_buffer += s.recv(1024)
```

循环中第一行（紧接着 while True:）告诉 socket 模块从 IRC 服务器接收 1 024 字节（1 KB）数据放在 read_buffer 变量里。由于使用了 "+=" 而不是 "=" 操作符，接收到的数据将会追加到缓冲区后边。这里的 1 024 字节其实可以设为其他任意大小。

下一步是将缓冲区中的数据分为独立的文本行，用如下代码实现。

```
lines = read_buffer.split('\r\n')
read_buffer = lines.pop();
```

第一行代码将接收缓冲区中所有完整的行赋值给 lines 变量，这里使用 split

函数来搜索**行结束符**（\r\n）。这些字符只出现在行的结束处，所以当缓冲区用这样的方式分割时，你就知道 lines 变量一定是服务器返回的完整行。第二行的 pop 命令保证从 read_buffer 中删掉的都是完整的行：由于服务器的返回数据按照 1 KB 的片段接收，很可能在某个时刻缓冲区只收到一行的一部分。当出现这样的情况时，就将这个不完整片段留在缓冲区里，等待在下一个循环接收剩余部分。

此时，lines 变量包含了服务器响应的姓名列表（为完整的行）。输入如下代码处理这些行并提取加入该频道的用户姓名。

```
for line in lines:
response = line.rstrip().split(' ', 3)
response_code = response[1]
if response_code == RPL_NAMREPLY:
    names_list = response[3].split(':')[1]
    names += names_list.split(' ')
```

程序遍历 lines 变量，提取 IRC 响应的状态码。虽然有很多不同的响应状态码，但该程序只涉及两种状态码，即程序开始处定义的 353（表示后边是名字列表）和 366（表示列表结束）。这里的 if 语句寻找第一个响应码，然后使用 split 函数获取所有姓名并添加到 names 列表中。

现在，names 列表包含了所有服务器返回的姓名列表。这也许并不是所有的姓名，直到收到 366 状态码，才表示列表发送完成。这就是最后一行（names += names_list.split('')）将新收到的姓名追加到后边而不是清空并替换 names 变量的原因：每当该部分代码执行时，程序只可能收到所有成员列表的一部分。为了告诉 Python 收到完整列表后做什么，请输入如下几行代码，确保以 8 个空格开头。

```
if response_code == RPL_ENDOFNAMES:
    # Display the names
    print '\r\nUsers in %(channel)s:' % irc
    for name in names:
        print name
    names = []
```

该代码告诉 Python，当收到 366 响应时，在清空 names 列表前将完整的姓名列表打印到标准输出。最后一行（names = []）很重要：如果没有该行，每次循环会追加姓名到列表最后，这会和前面收到的列表重复。

最后，用如下几行代码完成程序。

```
time.sleep(irc['namesinterval'])
s.send('NAMES %(channel)s\r\n' % irc)
```

代码告诉 Python 等待 namesinterval 秒后发送另一个获取用户列表的请求并开始新的循环。要谨慎地将 namesinterval 设置为一个合理的值，如果 IRC 服务器在短时间内收到太多的请求，它可能会强制断开连接以防止**泛洪攻击**。

将程序存为 ircuserlist.py，然后通过 IDLE 的"Run Module"选项或者通过终端输入 **python ircuserlist.py** 来运行程序。当程序第一次运行时，也许会花一些时间来连接服务器；一旦连接成功，姓名列表（见图 11-7）会快速刷新。要退出程序，请按<Ctrl+C>快捷键。

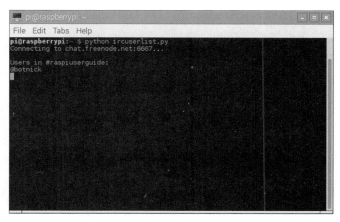

图 11-7　用 Python 列出 IRC 频道用户列表

程序的完整源代码见附录 A，或在树莓派的用户手册网页查看。直接从网上下载源代码可以节省时间，不过自己输入代码也是一个很好的学习方法，可以确保你明白每个部分的功能。

11.6　延伸阅读

本章只是让你初步体验了一下能用 Python 做些什么，并不深入。要全面掌握这门语言，需要一本更详尽的书。不过，这里还有以下资源供你学习更多有关 Python 编程的方法。

- 官方指南 *Beginner's Guide to Python*。

- 一个免费的网页版交互式教程——LearnPython 网站。

- Zed A. Shaw 编写的 *Learn Python The Hard Way*（中文版《笨办法学 Python》，由人民邮电出版社出版）提供了 Python 的最佳实践，它适合初学者。

- 虽然 Mark Pilgrim 的 *Dive Into Python*（Apress, 2004）已经被 *Dive Into Python* 3（Apress, 2009）所取代，但是 *Dive Into Python*（Apress, 2004）在 Python 编写程序基础知识方面介绍得很好。

- 如果你更喜欢和其他人一起学习，可以找到本地 Python 学习小组（有时称为 PIGgies）。

- 对于学习 pygame，Al Sweigart 编写的 *Making Games with Python & Pygame* 对实际的例子做了详细的介绍。

第 **12** 章
树莓派版 **Minecraft**

由瑞典的软件开发公司 Mojang 创作的游戏 Minecraft，如今已发展成为一种
文化现象。游戏将乐高积木式的创造方法和生存游戏相结合，提供给玩家们各种
工具，在一个开放的世界中去探索、挖掘和建造。该游戏在全球范围内的计算机、
终端甚至智能手机平台上已售出了数百万份。现在，它用在了树莓派上，带着教
育的元素，让感兴趣的玩家们在游戏中学习。

12.1 树莓派版 Minecraft 简介

树莓派版 Minecraft 是由 Mojang 公司的 Aron Nieminen 和 Daniel Frisk 制作的，
是面向智能手机平台的 Minecraft 便携版的一个精减版本。尽管失去了完整版的很
多特性，例如生存模式（让玩家在一个所谓的"死亡世界"里和各种怪物抗争），
但它保留了随机模式和创造模式。

尽管这只是一个早期测试版（也称 **alpha** 版），但树莓派版 Minecraft 在教育
领域里广受欢迎。该游戏使玩家能够使用由各种各样的材料构成的方块去进行试
验性的建造，这对于教授地理学以及建筑学的概念是一个不错的选择。和其他版
本不同，它是免费的，任何树莓派用户都能够免费下载安装。

树莓派版 Minecraft 在教育界如此受欢迎的最大原因，在于它的**应用编程接口**
（Application Programming Interface，API）。树莓派版 Minecraft 的 API 允许用户自
己编写程序去控制游戏内的环境。最常用的方法是用 Python（选用和树莓派基金
会的教学语言相同的编程语言并不是巧合），API 使用户能够发送和接收消息，控
制游戏内方块的位置，甚至直接控制玩家角色。对于那些已经对 Minecraft 很熟悉

的孩子们，这是一个让他们对更正式的编程感兴趣的好方法。

12.2 安装 Minecraft

如果你使用的是最新版本的 Raspbian 操作系统，那么树莓派版 Minecraft 已经安装好可以使用。如果你使用的是 Raspbian 的其他发行版，则需要打开 Web 浏览器并在地址栏输入地址 **pi.minecraft.net**，以访问树莓派版 Minecraft 的官网下载 Minecraft 并在出现提示时选择打开该文件。

在下载完成后不久，会弹出一个新窗口显示树莓派版 Minecraft 的压缩包内容：一个名为 mcpi 的文件夹，选择从压缩包中解压文件夹，然后将其放在容易找到的地方，可以放在主目录中，也可以放在桌面上。

单击"Extract"按钮，等待树莓派解压 Minecraft。不同于通过 Apt 那样的包管理器安装软件，从压缩包安装软件的方式是一次性的。所以，当未来有新版本的树莓派版 Minecraft 发布时，软件不会自动升级，只能通过重复先前的操作，重新下载新版本，然后解压并覆盖当前的版本。如果你正在使用 Raspbian 操作系统，那么可以通过运行 apt-get update 命令进行软件更新。

12.3 运行 Minecraft

树莓派版 Minecraft 已经作为最新版 Raspbian 的标准配置安装了，而且只要连接了外部显示器，就可与任何型号的树莓派兼容。游戏在图形用户界面（称为桌面）中运行，而不是在基于文本的终端上运行。如果你的树莓派没有设置为自动启动到桌面，则需要通过在终端中输入以下命令来手动加载它。

```
startx
```

加载图形用户界面（GUI）后，单击屏幕左上角的"Menu"按钮，然后向下滚动到"Games"。将鼠标光标停留在该选项上以加载子菜单，你会找到一个名为"Minecraft Pi"的条目，只需单击"Minecraft Pi"即可加载游戏（见图 12-1）。

默认情况下，树莓派版 Minecraft 会在桌面窗口中打开（见图 12-2）。建议在这个窗口内玩游戏，你也可以单击最大化按钮来放大屏幕，但是放大了会发现游戏玩起来不太好操作。

图 12-1　运行 Minecraft 树莓派版

图 12-2　在 Raspbian 上运行 Minecraft

　　请注意软件中的一个 bug（在编写本书时，仍然是早期的 alpha 版）：在打字的时候，鼠标无法正常跟踪，游戏将无法进行。你可能还会发现，游戏中无法进行截屏。为了达到所需的性能，运行 Minecraft 树莓派版时，树莓派的图形加速器的级别会设置得很低，尝试进行截屏的话，Minecraft 窗体的部分会显示为黑框。

　　要在 Minecraft 上进行实验，请单击"Start Game"载入"World Selection"界面。Minecraft 在你每次开始一个新游戏时，都会随机生成一个世界。这个世界是由各种各样材质的方块构成的，还有海洋、高山、海滩和大树等经典物体。如果你是

首次单击 "Start Game"，"World Selection" 中将不会出现可选择的世界，那么单击 "Create New" 创建一个新的世界。在你下次载入游戏时，你除了可以选择创建一个新的随机世界外，还可以将你创建过的已存在世界拖曳到屏幕中间，然后单击载入。

　　Minecraft 中的世界彼此之间是相互独立的。如果你在某个世界建了一个屋子，在同一个树莓派的其他世界中是不会出现的。当你打算从 "World Selection" 中删除已存在的世界时，这一点尤为重要。请确定你的确要删除某个世界，因为这么做意味着在这个世界中创建的一切都将丢失。

12.4　探索

　　Minecraft 和传统的第一人称射击类游戏（first-person shooter，FPS）很相像，尽管 Minecraft 一点也不暴力。事实上，在树莓派版 Minecraft 中，这里既没有敌人，也没有时间限制，这种毫无紧迫感的带入很适合孩子们以及缺少经验的玩家。

　　在游戏开始时，你将位于世界中的一个随机地点（见图 12-3）。你可以通过 W、A、S、D 这 4 个按键控制角色的上下左右。这几个按键并不能转动人物的视角，要改变视角方位，需要移动鼠标。和大多数游戏不同的是，Minecraft 还可以使人物飞起来：按空格键是跳跃，按两下空格就会切换到飞行模式。在飞行时，空格键用来提升高度，Shift 键可以让你朝地面下降，再次双击空格键就可以取消飞行模式。

图 12-3　在树莓派版 Minecraft 中进行探索

不同于完整版游戏的主模式"生存模式",树莓派版的 Minecraft 一开始就给予玩家游戏中所有类型的方块以及无限的供应量。因此,你不需要再去挖掘资源,就能马上进行建造。建造用的方块显示在 Minecraft 窗口的底部,当前选中的方块会高亮显示。滚动鼠标滑轮或按下键盘上的数字键 1～8,可以选择不同的方块,它们每一种都有不同的性质。你还可以按 E 键调出全部材料清单,选择其他方块。要想知道不同方块的组合会发生什么,实验是最好的方法。试一试将熔岩置于水或木材上面,看看会发生什么吧。

单击鼠标右键放置一个方块,按下后不要松开,移动鼠标后,会一次放置多个方块。在这个世界中,你可以销毁任何方块,包括那些不是你放置的方块,按下鼠标左键就可以了,按住不松开的话,移动鼠标可以删除多个方块。

无论你要搭建一个树屋、一座大厦,还是一个全尺寸复制的宇宙飞船,建造就是不断重复简单的方块放置和删除操作,直到工程完工。当你退出游戏时,会保存你的进度,下次打开游戏后还可以从"World Selection"载入。在使用 API 之前,花点时间在 Minecraft 的世界中做实验是值得的,尤其是试验各种方块之间相互作用的效果。

12.5　破解 Minecraft

树莓派版 Minecraft 成功的秘密就在于它的应用编程接口(API),允许你通过编写程序来修改游戏中的方方面面。Minecraft API 是一个强大的工具,但使用起来也很简单。

如果你现在正在 Minecraft 的游戏中,那么按 Esc 键,选择 Quit,然后单击窗口右上角的关闭按钮,退出游戏;或者按 Esc 键和 Alt 键,然后再按 F4 键也可以立即退出。

如果你正在运行 Raspbian,那么你可以立即使用 Minecraft API。那些使用其他发行版的用户需要在 Minecraft 主目录外创建一个 Minecraft API 的副本。这一步是为了确保你所做的一切不会影响到安装的 Minecraft 主目录,使你可以大胆地进行试验而不用担心破坏了什么,在系统的终端中输入以下命令。

```
mkdir ~/minecraftcode
cp -r ~/mcpi/api/python/mcpi ~/minecraftcode/minecraft
```

这里创建了一个名为 minecraftcode 的新目录,同时将树莓派版 Minecraft 的 Python API 复制到了里面。在这个目录中,你将创建自己的脚本,修改 Minecraft 的操作。

如果你正在运行 Raspbian，那么只需创建一个目录来存储你的程序。通过单击"Menu"按钮，并在单击"Terminal"选项之前向下滚动到"Accessories"，然后输入以下命令来加载终端。

```
mkdir ~/minecraftcode
```

如果你的树莓派有多人使用并且都使用同一个账号登录，你可以为每个人建一个这样的目录，就用之前的命令把 minecraftcode 的名字改掉就好了，例如改成 minecraft-steve、minecraft-bob、minecraft-sara 之类。

尽管树莓派版 Minecraft 的 API 支持多种编程语言，但最容易入门的还是 Python。关于 Python 在树莓派上的编程入门的详细信息，可参见第 11 章。如果你已经阅读过这一章，你就可以直接修改 Minecraft 了。

首先加载 IDLE 编程环境，方法是单击"Menu"按钮，向下滚动到"Programming"，然后单击 Python 2（IDLE），确保单击是为 Python 2 而不是 Python 3，Python 3 使用不同版本的 Python 编程语言，不能与 Minecraft API 一起使用。在弹出的窗口中，单击"File"菜单，然后单击"New File"，出现要编辑的空白 Python 文件。首先单击"File"和"Save As"以保存文件。在弹出的"Save As"对话框中，双击 minecraftcode 文件夹并在保存之前将文件命名为 testing.py（见图 12-4）。

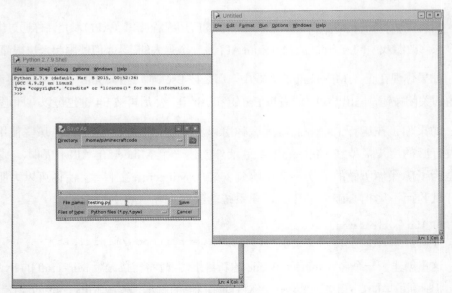

图 12-4　保存你的第一个 Minecraft Python 程序

在文件顶部用一个通常的 shebang 行开始程序如下。

```
#!/usr/bin/env python
```

这行代码使你能够在不载入 IDLE 的情况下运行程序。这不是必需的，但确实是一个良好的习惯，可以帮助你标识自己的脚本，即使在它们被重命名去掉.py 扩展名的情况下，仍能被识别是一个 Python 程序。接下来，导入 Minecraft API 的库，以提供用 Python 修改游戏所需的命令，在 IDLE 中输入如下两行。

```
import mcpi.minecraft as minecraft
import mcpi.block as block
```

接下来，用下面一行代码创建一个简单的对象，用来向 Minecraft 发送命令。

```
mc = minecraft.Minecraft.create()
```

这样做可以使你在程序中要引用 Minecraft API 时只需输入 mc 两个字母，而不需要每次都输入命令访问。这样不仅减少了键盘敲击的次数，还使程序变得更易于阅读，同时还可以连接程序到正在运行的 Minecraft 游戏中，为 API 发出指令做准备。

树莓派版 Minecraft 的 API 是相当强大的，要展示它诸多的特性已经超出了本章介绍的范畴了。下面用一个简单的例子展示了 API 的基本使用，你可以在 IDLE 中输入它们（见图 12-5）。

图 12-5　树莓派版 Minecraft 的 Python 程序

```
playerPos = mc.player.getTilePos()
mc.setBlock(playerPos.x+1, playerPos.y+1, playerPos.z, block.STONE)
mc.postToChat("Stone block created")
```

第一行获取了玩家当前的位置,关联到离玩家最近的一个地表方块(又称"瓷砖")上。第二行创建了一个新的石块并将它的位置从玩家所在处保持相同的 Z 轴坐标、向 X 轴和 Y 轴方向各移动一个方块的距离。Minecraft 中所有的位置信息都是以三维形式记录的。学习精确寻址是成功使用 Minecraft API 的秘诀所在。

最后一行使用游戏内的聊天系统为石块创建的动作发出确认消息(这个系统原本是为多玩家设计的,使非面对面的玩家之间可以通过互联网进行交流)。这个消息用来确认脚本已正确运行。如果没有这条消息,你可能注意不到石块的出现,因为它的位置可以在你身后而不是你面前。

单击“File”菜单的“Save”选项保存文件,再次载入 Minecraft 并单击“Start Game”,或载入一个已存在的世界,或生成一个新世界,然后按下 Tab 键将鼠标焦点从 Minecraft 窗口中释放。这将使你重新获取鼠标控制,现在移动鼠标控制的将是屏幕光标,而不是 Minecraft 中人物的视角,然后你就可以切换到载入有你的程序的 IDLE 窗口了。

在 IDLE 中单击“Run”菜单的“Run Module”选项,或按下键盘上的 F5 键,运行你的示例程序。几秒后,“Stone block created”的消息应该就会出现在你的 Minecraft 窗口中(见图 12-6)。单击 Minecraft 窗口标题栏,鼠标将重新回到游戏中,然后移动鼠标去查看。你在程序中创建的石块应该会出现在里面。如果你将人物移动一下,再用 Tab 键切换回 IDLE 并单击“Run Module”再次运行,又会创建一个石块。你也可以在程序中修改创建方块的 X、Y、Z 坐标而不移动人物。你甚至可以通过调整 Y 坐标在空中创建一个方块。

要熟练掌握 Minecraft API,最好的方法还是去试验。*The MagPi* 是一本为树莓派粉丝们设立的杂志,上面已有很多关于树莓派版 Minecraft 的教程。在互联网上搜索“Minecraft Pi Edition”,你还能很快找到其他资源。测试别人的程序并修改它们看看会发生什么,这可以使你快速掌握 API。而且,作为额外的好处,这样还可以很好地实践你的 Python 通用编程技能。

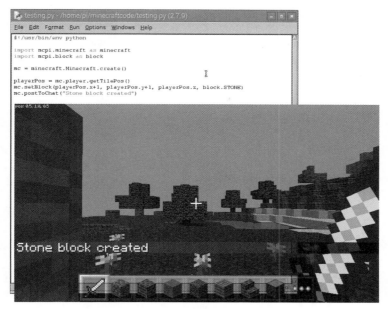

图 12-6　向 Minecraft 聊天控制台输出消息

第 4 篇
硬件破解

第**13**章
学习硬件破解

在前面的几章中，你已经学到了如何把树莓派变成一个可以运行各种软件的平台。而在可扩展性方面，树莓派不止如此。任何可以在便携式计算机上运行的软件，甚至是那些远超树莓派低功耗处理器处理能力的软件，仍然可以在树莓派上运行。

树莓派有一项特殊功能（这一功能超越了普通计算机的能力）：在树莓派主板的左上角有很多**通用输入/输出（GPIO）**端口。

GPIO 端口使树莓派能够与其他组件和电路通信，并允许它充当控制器去控制一个更大的电子电路。通过 GPIO 端口，可以让树莓派探测温度，充当伺服系统并与其他移动计算设备使用包括**串行外设接口（SPI）**和**内部集成电路（I²C）**在内的各种不同的**协议**。第 14 章提供了有关 GPIO 引脚更详细的信息。

在开始搭建使用 GPIO 端口的电路之前，你还需要一些额外的设备并了解电子电路的相关术语。

13.1 电子元件

开始着手搭建由 GPIO 端口控制的电路之前，你需要准备一些元件和工具。这里给出了一个可参考的购物列表。

- **面包板（实验电路板）**：面包板提供了间距为 2.54 mm 的带孔网格，元件可以在这些孔上插入和拔出。每个网格的下方是一系列连在一起的触点，它允许同一行的元件在不需要线的情况下连接在一起。面包板是做电工任务的好工具，尤其是在制作电路原型的时候，因为它允许你快速制作实验电路而无须焊接操作。

- **导线**：尽管面包板可以让元件无须导线就能连接到一起，但你还是需要用导线将电路板的行与行进行连接，或者将面包板连接到树莓派的 GPIO 端口，这称为**跳线**。如果你在面包板上使用，建议使用实心线而不是绞芯线。实心线更容易插入面包板的孔，同时也方便买到各种不同的颜色，可以用不同的颜色为连线做标记。

- **电阻**：电路中常见的是称为电阻器的元件，本章中的示例项目也不例外。电阻的单位是欧姆，符号为 Ω。在开始前最好准备一些常见阻值的电阻，如 2.2 kΩ、10 kΩ、68 Ω。一些零售商会卖电阻工具包，其中包括多种有用阻值的电阻。

- **按键**：这是一个非常常见的输入元件，当按钮被按下，一个完整的电路就接通了。在最基本的层面上，键盘也不过是多个按键的组合。如果你正在为树莓派设计一个能提供简单输入的电路，就选用名为瞬时开关的按键吧。

- **LED**：发光二极管（**LED**）是现有常见的输出设备。当有电压时，LED 会被点亮，能让你对 GPIO 端口上的引脚是高电平还是低电平有个视觉上的感受。在为树莓派购买 LED 时，应当选择那些功率较低的型号。GPIO 端口的功率不大，对于那些需要大电流的 LED，如亮白或亮蓝的型号将需要外部电源，这就需要额外的、称为晶体管的供电元件为其供电。

此外，如果你打算在完成了实验电路模型后做一些永久电路（将在后面的内容中介绍），你还需要以下物品。

- **万能板**：可以认为是一次性的面包板。同面包板一样，孔分布在一个间隔为 2.54 mm 的网格上。与面包板不同的是，需要将元件焊接到连接的地方，焊好之后你就有了一个永久的电子电路。

- **电烙铁**：当你需要将元件永久地连接到电路时，就需要焊接。你不必在电烙铁上花很多钱，但如果预算允许，买一个温度可控的型号将会是一笔明智的投资。要确保你买的电烙铁是尖头的或是可插拔的尖头，因为扁头的电烙铁不适合精密的电路焊接操作。

- **焊料**：电烙铁焊接还需要焊料。焊料是一种混合了清洗物质和低熔点导电金属的物质。要确保你买的焊料是适合电路焊接的，太粗的或者用于管道焊接的焊料虽然便宜，但可能会损害脆弱的电路，因为它需要更多的热量去熔化。

- **支架和海绵**：热烙铁在不使用的时候需要有地方放置，同时在使用电烙铁的时候还要清洗它的尖端。有些电烙铁附带了一个支架和清洁海绵，如果没有，你需要单独买。

- **侧铣刀**：插孔元件会有长脚，这会使你在焊接后留出多余的长脚。**侧铣刀**能让你简单快速地修剪这些多余的脚而又不破坏焊点。

- **镊子**：电子元件通常又小又精密，一个好的镊子是必需的。如果你想使用表面贴装元件而不是直插元件，那么镊子是绝对必要的。如果你尝试用手拿着元件去焊接，可能会烧伤手指。

- **工作台**：通常称为**帮手**，是用来在上面摆放、夹取并焊接元件的桌子。有些工作台还包括放大镜，而一些好的工作台会有台灯来照亮工作区。

- **万用表**：万用表是一种有多种功能的测试仪表，能测量电压、电阻和电容，或者测试电路连通性。虽然万用表不是绝对必要的，但它在诊断电路问题时是极有用的。专业万用表相当昂贵，但是简单型号的万用表却是相当便宜的，而且是每个人都值得买的工具。

- **拆焊芯**：焊接出错是指一些不是永久性连接的地方被连接了。拆焊芯是一种编织金属磁，它可以放在一个焊点上融化并把焊锡带走。实践证明，可以用拆焊芯回收废弃电子设备的元件，是一个既简单又便宜的收集常见元件的方法。

13.2 解读电阻颜色编码

大部分的电子元件都会有显著的标识，例如**电容器（capacitor）**的**电容（capacitance）**会以**法拉（farad）**为单位直接印在元件上，同样，**晶振（crystal）**的**频率（frequency）**也会被印在上面。

电阻是一个例外，在它上面通常不会有标注，相反，可以从电阻表面雕刻的颜色带来计算欧姆值。解读这种编码是一个硬件黑客的重要技能，因为一旦从包装里拿出来，算出它的阻值的唯一方法就是使用万用表，但这又是一个麻烦且浪费时间的测量工具。

还好，电阻器颜色编码遵循一定的规律。图 13-1 显示了典型的四环电阻。该图的高分辨率彩色版本在网上可以找到。前两个色环是欧姆的电阻值的颜色。第三个色环是乘数，其中前两个数字相乘，得出实际的电阻值。最后一个色环表示电阻的误差，或者说是精度。低误差电阻比高误差的电阻更接近其标记的阻值，但是你需要为此花更多的钱。

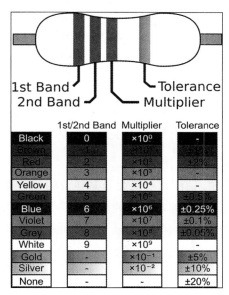

图 13-1　一个四环电阻及其色码译码表

　　图 13-1 中的示例电阻是这样读的，首先读左起的两个色带，它们均被标记为红色。红色在如图 13-1 所示的表中等于 2，因此最初读到的是 22。接下来的颜色是绿色，即乘数相当于 10^5 或 10 万。22 乘以 10 万等于 220 万，这个电阻的欧姆值就是 2 200 000Ω。

　　Kiloohm（千兆欧姆，KΩ）为 1000Ω，**megaohm**（兆欧，MΩ）为 1000 KΩ。因此，2 200 000Ω 通常写为 2.2MΩ。位于电阻最右侧的色环为金色，代表电阻的误差或精度，在图 13-1 所示的例子中误差为正负 5%（即真实的电阻值可能是 2.09～2.31MΩ）。

　　还有五环电阻，它的读法与四环电阻类似，就是前 3 个色环表示数字，第四环是乘数，第五环是误差。

13.3　采购组件

　　如果你以前没有涉足过电子产品，会很难弄到元件和工具。幸好，有大量的线上和线下供应商，为你的项目提供需要却又难以找到的元件。

13.3.1　线上零售商

RS 和 Farnell 是两家元件和工具零售商，它们在世界各地设有办事处和仓库并有大量硬件可供选择。RS 和 Farnell 是最早获得授权生产和销售树莓派的两家公司。你可以从这两家公司购买硬件。同时，你也可以从其他第三方厂商购买树莓派的组件，很多厂商也为小数量订单提供较低的报价。

RS 和 Farnell 主要经营企业间交易，这意味着它们的主要收入来源是电子公司的大量零部件采购。不过，它们会很乐意让消费者登录各自的网络店铺以及订下小到单个元件的订单。

当你在订购小订单时，请注意可能会有其他费用。RS 会为第二天到货服务收费，虽然这对于大订单来说是非常合理的，但它会大大超过小额订单本身的购买费用。另外，对于"次日达"服务，Farnell 是不收费的，但订单的总额应大于网站规定的最小值，这个最小值在各个国家和地区是不同的。

根据你居住地的不同，你可以在 RS 或 Farnell 上将购买的东西凑成一个订单。这样能够节省邮费并让你更快地收到货物，但你所在的地方也有可能没有提供这项服务。

13.3.2　线下零售商

有时候你也许急需一个元件，而隔天到达的快递又不够快。你可能只需要一个电阻或一个小小的线材，而且金额又不能达到任何在线零售商之一的最小订单金额。幸好有专门经营电子组件的实体店铺。虽然这些店铺在过去几十年中都不多，但大多数主要城镇和城市中至少包含一个实体店，而且都备有最常用的工具和元件。

在英国，最受欢迎的电子元件商店是 Maplin 电子商店，于 1972 年在 Essex 成立以来，公司已从一个小的邮购商店发展到目前在英国各地开设超过 200 家门店。在大多数城市，居民都能找到 Maplin 电子商店。当你缺一些常用部件时，可以去 Maplin 电子商店购买更为方便与快捷。

Maplin 电子商店还提供了网站邮购和在线预订服务，但要注意它是以 B2C 为主要业务。从 Maplin 购买元件会比从 RS 或 Farnell 购买贵很多，因为该公司是依赖于差价而非大批量采购来盈利的。

在美国和其他国家/地区，Radio Shack 是最受欢迎的电子产品连锁商店。它成立于 1921 年，号称在世界各地有 7 150 多家门店。Radio Shack 拥有常见的电子元件和工具，个人可以通过其网站购买或订购。

和英国的 Maplin 电子商店一样，Radio Shack 是以 B2C 方式经营的。结果是，买家从 Radio Shack 购买会比从 RS 或 Farnell 订购花更多的钱。然而，大量的 Radio Shack 商店让买家在购买急需物品或一次性物品的时候更方便。

Maplin 和 Radio Shack 都有能与你直接交谈购买需求的客服，这是它们的一项优势。两家公司的客服都具备电子产品方面的知识，并乐意在你不确定需要什么部件时为其提供意见或帮助。

13.3.3　业余爱好者

除主要的连锁商店，还有一些规模较小的公司专门与业余爱好者合作。虽然他们与那些大型连锁店相形见绌，但他们都是公司以外的高手并能够提供个性化的建议。

随着爱好者越来越多，Arduino 旨在建立一个开放源码项目的教育型单片机样机平台。树莓派非常欢迎像 Arduino 这样的平台（尽管目的不同），大多数调查显示，除了支持树莓派，Arduino 也支持其现有的产品线。

从爱好者平台购买有几个优点。如果产品是作为树莓派的产品销售的，那么他们已经针对具体用途进行了测试。一些公司还针对不同的平台设计了自己的扩展硬件，当然树莓派也不例外。这些设备是为满足共同需要而设计的，它可能包含其他端口和额外的硬件，或者拥有可以扩展目标设备的功能。

在英国，很受欢迎的一个爱好者平台是 oomlout，它是由 Arduino 硬件的开源爱好者成立的，是扩展工具包以及包括推按钮、显示和晶体管在内的常见元件的很好的来源地。与大型零售商不同，oomlout 的元件在一些可能的地方提供一切必要的额外附件（例如方便按钮组装的上拉电阻），也会尽可能地提供示例源代码，让你更快地学会使用。

在美国，Adafruit 提供类似的服务，它是为了给 Arduino 电路板提供开源插件而成立的。Adafruit 供应多种组件和工具包，包括一个专门为树莓派主板设计和生产的扩展电路板。

13.4 在面包板上更进一步

用面包板搭建实验电路是一个极佳的选择，它方便使用，可重复利用，还不容易损坏元件。

不过，面包板也有一些缺点。它笨重且昂贵，而且连接处容易松开，这可能会导致关键部件掉出来，特别是当把面包板从一个地方运到另一个地方的时候。图 13-2 很好地展示了这一点，尽管尽了最大努力，但面包板的按钮也只是松散地连接在上面，如果使用时不注意，就有可能掉下来。

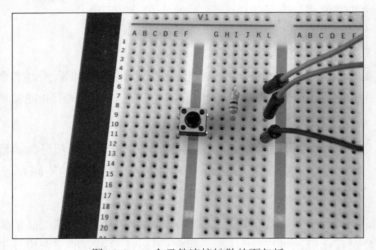

图 13-2 一个元件连接松散的面包板

这就是树莓派本身建立在**印制电路板（Printed Circuit Board，PCB）**上而不是面包板上的原因，尽管面包板在早期的原型设备中经常使用。我们也可以在家打印和蚀刻自己的电路板，其中有一个简单的中间步骤可以采用，那就是用万能板来创建永久的独立电路。

乍一看，万能板类似面包板，因为它的表面覆盖着 2.54 mm 间距的小孔。与面包板不同的是，万能板有一种让电子元件放入并能留在小孔中的巧妙结构，你需要把元件焊接到万能板上。万能板在市场上通常称为 Veroboard，这是一个属于英国 Vero 技术公司和加拿大 Pixel Print 公司的商标。

搭建万能板电路相对于使用面包板有许多优点。一片万能板比一个同样大小的面包板要便宜许多，而且它还可以改小尺寸以适用于更小的电路。另外，它允许在单个大型万能板中构建多个较小的、独立的电路。

由于元件是被焊接到万能板上的，这也就比面包板原型更耐用。你可以将万能板电路完整地从一个地方带到另一个地方，而不必担心某一元件错位或丢失。图 13-3 显示了一块万能板底面上的铜轨。

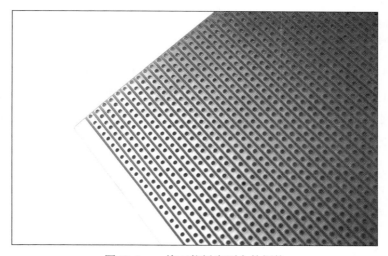

图 13-3　一块万能板底面上的铜轨

万能板非常易于使用，它是设计和制造自定义电路板的基石。不过，在你购买万能板之前，应该注意以下几点。

- 万能板的类型有很多。一些万能板底面上的铜轨将整行或整列连接起来，而另一些万能板会在中间被拆分为两个单独的行，这有点像面包板。还有一种通常被称为项目板的万能板，它根本没有铜轨，这就要求使用导线来连接元件。

- 万能板可以被做成不同的厚度或使用不同的材料，而且一种类型的万能板可能比另一种类型的万能板更适用于某一特定项目。比如在高温环境中，具有耐热功能的万能板是更适用的，而较厚的万能板则适用于不良环境。

- 为了让元件在万能板上布局整齐，可以切断底面上的铜轨来断开元件间的连接。这样既可以避免浪费板子的空间，又能设计更复杂的电路。为了达到布局整洁的效果，你需要一个小的、称为轨道切割机的手持工具。补充一句，虽然用小钻头可以，但是如果你打算使用万能板，建议还是把它加到购物清单里去。

这里还有使用万能板的一些技巧，如果你忽略了，可能会把事情弄得更麻烦。

■ 万能板底面上的铜轨面通常没有涂层保护。如果你的手碰到了铜轨，有可能会弄脏它，这会让焊接很困难。除非你打算立即用它，否则应避免触摸万能板背面的铜轨。如果不小心碰了，那就需要在焊接之前很小心地刷一层铜把铜轨上被腐蚀的那一层覆盖掉。

■ 与印制电路板不同，万能板没有**阻焊层**（用来防止焊锡落到别的地方）。这样焊接起来比印制电路板要更棘手。如果用一大块焊锡是很容易一不小心就把线路焊到一起的。如果发生这种情况，可使用拆焊芯除去多余的焊锡，然后重新焊接。

■ 万能板的孔非常容易对齐到需要的大小，而不是让边缘参差不齐。在对齐万能板之后，在花时间装配之前，你需要把电路的边缘修整一下。要确保做这件事的时候戴着口罩，因为从万能板上掉下来的灰尘有损健康。

13.5 焊接简介

有了电烙铁之后，你还要知道如何使用它。与其他任何技能一样，焊接也需要通过练习才能熟练。如果按照本节的小提示不断练习，你就能把焊点做得干净而又整齐。

警告 显而易见但又必须指出的是：在使用电烙铁期间，焊接铁会变得非常热。建议不要接触电烙铁的金属表面，并远离其尖端。如果可能的话，买一个支架，或去找一个耐热的支架。不要在使用电烙铁期间离开，如果电烙铁不小心跌落，千万不要试图用手去抓住它！

焊接就是通过熔化少量金属来连接两个元件。如果你把树莓派反过来，就会看到，所有较大的元件间的连接使用的都是所谓通孔焊接，也就是元件的引脚插进印制电路板的孔然后进行焊接，而较小的元件则是通过表面安装焊接来连接的。

焊锡不是纯金属，它包含一种称为助熔剂的物质，旨在去除表面上的任何脏物，以确保尽可能干净地进行焊接。大多数电子焊料包含 3 ~ 5 芯焊剂。你也可以单独购买糊装或液态的焊剂，虽然这对于大多数业余焊接作业来说不是必要的。

当你开始焊接时，要确保有一个干净、明亮的工作区，还要确保良好的通风。焊接烟雾不利于健康，虽然它们在平常少量的焊接作业中达不到危险的水平，但还是保持最低程度的接触为好。

此外，你应该设法保护工作台，因为滴落的熔化的焊料会烧坏桌面。你可以购买防静电工作垫（见图 13-4），表面有光泽的杂志也能用。别想用几张便宜的报纸将就，因为焊锡在冷却之前仍能烧穿它。

图 13-4　焊接工作区和一块防静电工作垫

如果你做的是精致且需要仔细观察的工作，就应该戴防护眼镜。有时沸腾的焊锡会向上溅起，如果它落到你的眼睛里，就会非常痛苦。此外，防护眼镜还能在你裁剪穿孔元件时保护你的眼睛。

别让这些警告导致你不敢去焊接。虽然焊料是很热的，但它冷却很迅速，同时，燃烧鲜有发生并且是无足轻重的。你需要提高警惕，但也不必害怕。

你在选择了工作台并对其加以保护后，需要对设备进行合理摆放。电烙铁应放在顺手的一边并让它的电缆不会落在你的工作区。在插入电烙铁以前要确保烙铁可以自由移动。如果电缆被什么东西缠住了，可能会烧到自己。

你的焊接海绵应该打湿，但也不要弄得湿漉漉的。这一点很重要，潮湿的海绵有助于清洁电烙铁，但如果是干的，它会被点燃并可能弄坏电烙铁的尖头。

让电烙铁达到工作温度需要花费几分钟的时间。如果你买了带温度控制的电烙铁，它上面通常有一个在 on 和 off 之间切换的指示灯来指示温度是否已达到或显示一个温度读数（请参阅电烙铁附带的手册，了解如何读取电烙铁的温度）。

一旦达到工作温度，就可以开始用**焊锡（tinning）**进行焊接了。请按照下面的步骤操作。

（1）把焊锡推向电烙铁尖，让少量焊锡在烙铁上熔化。小心不要熔化得太多，这不仅浪费了焊锡，而且会让过多的焊锡落到工作区上。

（2）用海绵擦拭烙铁。如果发出嘶嘶声并挤出水，这说明海绵太湿了。待海绵冷却，然后将其从支架里拿出来，将水挤掉。

（3）不断擦电烙铁尖，直到上面被覆盖了一层银焊锡（见图 13-5）。如果有必要，可以在电烙铁尖上用更多的焊料。

在电烙铁尖上熔锡可以防止其被损坏，并能让它有效地将热量传递到表面。未能正确地把焊锡放在电烙铁尖是造成坏焊点的

图 13-5　电烙铁尖上作为焊料的镀锡

一个常见原因。如果需要焊接很多次，你可能需要重复这个过程许多次，在每次焊接完成后都要重复以上工作（用以在焊锡冷却以后保护烙铁尖）。一般来说，如果电烙铁的尖失去光泽涂层，就应该重复熔锡。

电烙铁准备好后，就开始焊接了，把要焊接的东西（例如印制电路板和元件的引脚）放在工作台上，确保视野良好，从容器中拉出一段焊料并开始按以下步骤焊接元件。

（1）如果你在印制电路板、插座电路板或类似的过孔板上焊接穿孔元件，将元件的引脚穿过孔后向外弯曲，这样当板子反过来的时候，元件就不会掉出来了。

（2）把主板固定在工作台上，把电烙铁尖按在元件和主板的铜触点上。电烙铁必须同时接触这两样东西。如果电烙铁仅接触了其中一个，那最后完成的连接

点将很糟。

（3）只需要几秒就能把接触的地方加热。你可以数 3 下，然后把电烙铁尖按在元件和主板的铜触点上（见图 13-6）。如果焊料不融化，将电烙铁收回来，再过几秒，然后再试一次。如果它仍然没有熔化，可以试着给电烙铁换个位置。

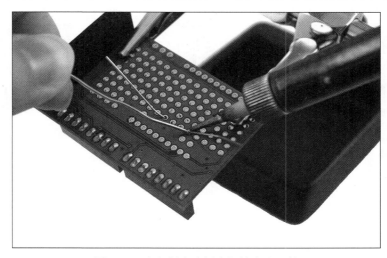

图 13-6　在印制电路板上焊接穿孔元件

（4）熔化的焊锡是会流动的，因此你会看到它落进板子上的孔中。这表明该区域受热足够并将是一个好的焊点。如果焊料只是浮动，这表明该区域受热还不足够。

（5）先移开焊锡，然后移开电烙铁（如果你先移开烙铁，焊锡会变硬，并且金属焊料会粘在焊点上）。

如果一切顺利，你会得到一个能用很多年的坚实焊点；如果没有，别气馁，把烙铁重新按在焊点上让焊料熔化；如果需要清理泄漏或多余的焊料，就使用脱焊芯。一个完美的焊点的形状应该有点像火山，从板子的表面向元件的引脚处不断上升。

不要让电烙铁与零件接触太久，这点特别重要。在焊接例如集成电路这种不耐热的元件时，可能会因为烙铁的长时间接触而损坏。如果你使用的是带温度控制的焊锡台，在使用中请确保温度设置到一个适当的水平（查看焊料的包装或数据表）。

当你完成焊接后，记得把电烙铁尖的焊锡去掉。不然电烙铁可能会在存储过程中严重腐蚀而导致需要过早更换。

提示　　记得加热电烙铁的两面。只加热一面会形成所谓的干接头或冷接头，即焊料没有与表面很好地结合。随着时间的推移，这些焊点将失效而需要重新焊接。

正如任何其他技能一样，焊接需要多加练习。许多电子商店销售包括印制电路板和精选元件在内的套件，你可以使用它来练习穿孔焊接。树莓派的一些扩展电路板也提供了需要焊接的套件形式，而树莓派 Zero 本身就需要进行一些焊接才能充分利用 GPIO 端口和复合视频输出功能。

第 **14** 章
GPIO 端口

树莓派的通用输入/输出（GPIO）端口位于印制电路板的左上角。该端口配有两排 20 个 2.54 mm 公头插针，但树莓派 Zero 的 GPIO 端口不是这样的，需要自己焊接插针，本章将在最后介绍。插针的间距特别重要：2.54 mm 引脚间距是电子产品中非常常见的一种尺寸规格，也是万能板和面包板引脚标准的间距。

14.1 识别树莓派版本

所有现代树莓派型号均采用工业友好型树莓派计算模块设计，具有标准的 40 针 GPIO 端口。如果你的树莓派是 Model A+、Model B+、树莓派 2、树莓派 3 或树莓派 Zero 型号，那么这些版本都是最新版的 GPIO 端口设计。GPIO 端口设计如图 14-1 所示，为全尺寸 GPIO 引脚。

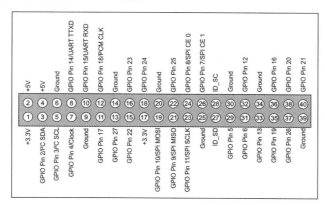

图 14-1 树莓派的 GPIO 端口及其引脚的定义

还有另外两种类型的 GPIO 端口设计，这是旧款树莓派硬件独有的。它们与新的 40 引脚设计不同，只有 26 个引脚，分为每行 13 个引脚。这种较短的 GPIO 端口可以在树莓派 Model A 和树莓派 Model B 上找到。如果你的树莓派是 Model A 型号，则应该参考图 14-2 所示的引脚。

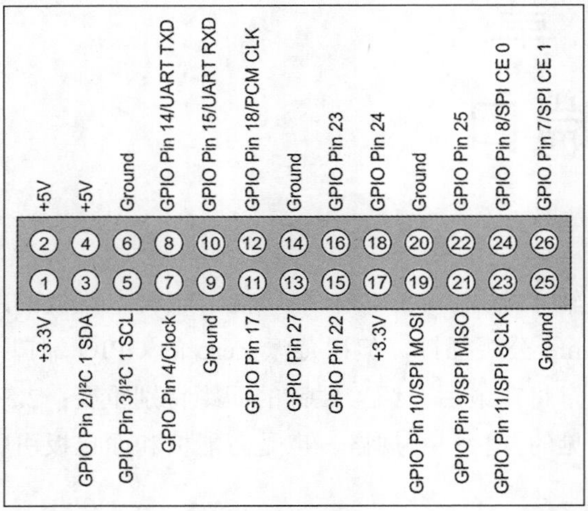

图 14-2　旧版树莓派的 26 引脚 GPIO 端口

对于树莓派 Model B 的用户，你需要区分自己拥有的版本。后面的版本（通过 GPIO 端口正下方是否有 P5 插头来区分）应使用如图 14-2 所示的引脚设计，与树莓派 Model A 一样。如果没有 P5 插头，那么你拥有的应该是第 1 版树莓派 Model B，这是唯一使用如图 14-3 所示的引脚布局的树莓派型号。

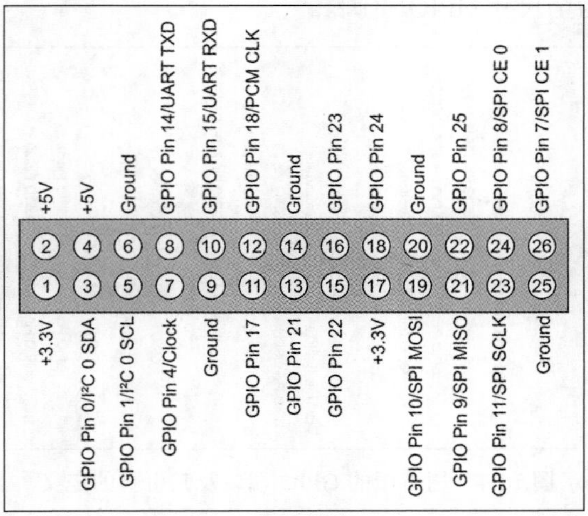

图 14-3　树莓派 Model B 第 1 版 GPIO 端口

关于不同版本的树莓派的区别，请参见第 1 章了解更多信息。

14.2　GPIO 引脚图

GPIO 端口的每个引脚都有自己的用处，几个引脚一起工作就能形成特定的电路。图 14-1 展示了 GPIO 端口的分布。

树莓派 Model A+、Model B+、树莓派 2、树莓派 3 和树莓派 Zero 的 GPIO 端口是一样的。如果你的树莓派是这些型号之一，请参考图 14-1 所示的引脚图来确定引脚功能。在连接到树莓派 GPIO 端口之前，请始终参考图 14-1，以免引脚连接错误，损坏外设和树莓派。

如果你有树莓派 Model A、第 2 版 Model B 或更高版本，请参见图 14-2。你可能会发现图 14-2 与图 14-1 所示的较新的 40 脚 GPIO 端口的前 26 个引脚是相同的。这种一致性是为了扩展板的兼容性。连接 26 引脚 GPIO 端口的设备可以直接连接到 40 引脚 GPIO 端口的前 26 个引脚上。

最原始的 GPIO 端口只在树莓派的一个型号上可以找到：Model B 第 1 版。它的 GPIO 端口略有不同，你可以参见图 14-3。如果你拥有这样一个版本的树莓派，那么恭喜你，你的树莓派具有收藏价值。

GPIO 端口的引脚数分为两行，奇数行在上，偶数行在下。在使用树莓派的 GPIO 端口时，记住这一点很重要。其他设备大多使用不同的引脚编号，同时因为树莓派本身无标记，所以很容易混淆引脚。

虽然树莓派 GPIO Pin2 引脚提供了 5 V 电源，是从 micro-USB 集线器获得的电源，但树莓派的内部工作电压是 3.3 V。这意味着树莓派上的组件是工作在 3.3 V 电源上的（可在 Pin 1 上获得）。如果你打算创建一个接口电路与树莓派的 GPIO 端口连接，请确保你使用的是 3.3 V 逻辑电路兼容的组件或在电路连接到树莓派前，将电路通过逻辑电平转换为 3.3 V。

警告　将 5 V 电源连接到树莓派 GPIO 端口的任何引脚，或连接电源引脚（Pin1 和 Pin2）到任何其他引脚将损坏树莓派。树莓派 GPIO 端口直接连接到博通 BCM283x 片上系统处理器芯片的引脚处理器，因此无法修复对其造成的任何损坏。对 GPIO 端口进行操作时，必须格外小心。

14.3　GPIO 特性

　　根据树莓派型号，GPIO 端口默认提供至少 8 个通用引脚：Pin7、Pin11、Pin12、Pin13、Pin15、Pin16、Pin18 和 Pin22。这些引脚可以在 3 种状态之间切换：正电压 3.3 V 的高电平，低（等于地面 0V 的低电平）和输入。两个输出等于二进制逻辑的 1 和 0，可用于打开或关闭其他组件，具体用法将在本章后面进行介绍。新版树莓派 GPIO 端口为 40 引脚，提供了更多的通用引脚，引脚介绍可参考本章前面的引脚图。

警告　　树莓派的内部逻辑工作电压为 3.3 V，这与许多常见的微控制器设备不同，例如流行的 Arduino 及其变种，它们通常运行在 5 V。Arduino 电路设计的设备可能不适用于树莓派，除非使用了电平转换器或光隔离器。同样，5 V 单片机的管脚直接连接到树莓派 GPIO 端口上也将无法工作，甚至可能会永久损坏树莓派。

　　除了这些通用引脚，GPIO 端口还有专用于特定总线的引脚。这些总线将在本章后面进行介绍。总线功能可以按照第 6 章中的说明进行启用或禁用。

14.3.1　UART 串行总线

　　通用异步收发传输器（Universal Asynchronous Receiver/Transmitter，UART） 串行总线提供了一个简单的两线串行接口。当串口在 cmdline.txt 文件中被配置后（参见第 6 章），这个串行总线就被用作传递消息。把树莓派的 UART 串行总线连接到一个能显示的设备上就能显示来自 Linux 内核的消息。如果你在启动树莓派时遇到了麻烦，这可以作为一个方便的诊断工具，尤其当显示器不显示任何内容时。

　　UART 串行总线 Pin8 和 Pin10 都能被访问，Pin8 用于发送信号，Pin10 用于接收信号。发送速度可以在 cmdline.txt 文件中设置，通常是 115 200 bit/s（比特/秒）。

14.3.2　I^{2}C 总线

　　顾名思义，**内部集成电路（I^{2}C）** 总线是为多个**集成电路（IC）** 之间提供通信用的。在树莓派中，这种集成电路的核心是博通 BCM2835 片上系统处理器。这些引脚包括位于树莓派上的**上拉**电阻，这意味着不需要外部电阻就能访问 I^{2}C。

　　I^{2}C 总线能通过 Pin3 和 Pin5 访问，Pin3 提供**串行数据线（SDA）** 信号，Pin 5

提供**串行时钟（SCL）**信号。这些引脚上的 I²C 总线实际上只是 BCM2835 芯片上两个 I²C 总线中的一个，而且是树莓派 Model B 第 1 版上的总线 0 和其他树莓派型号上的总线 1。第二个 I²C 总线留给树莓派相机模块和触摸屏显示器使用。

14.3.3　SPI 总线

串行外设接口**（SPI）**总线是一种同步串行总线，主要用于微控制器和其他设备的系统编程（ISP）。与 UART 和 I²C 总线不同，SPI 总线是一个有多个芯片选择线路的四线总线，它能够与多个目标设备进行通信。

树莓派的 SPI 总线是 Pin19、Pin21 和 Pin23 及一对 Pin24 和 Pin26 上的芯片选择线。Pin19 提供 SPI **主输出、从输入（MOSI）**信号，Pin21 提供 SPI **主输入、从输出（MISO）**信号，Pin23 提供了**串行时钟（SLCK）**用于同步通信，Pin24 和 Pin26 提供两个独立的从设备的芯片选择信号。

尽管树莓派的 BCM283x 片上系统处理器存在着其他总线，但它们没有被引出到 GPIO 端口，因此无法使用。

14.4　通过 Python 使用 GPIO 端口

学习完理论之后，是时候去实践了。在本节中，你将学习搭建两个简单的电子电路来演示如何使用 GPIO 端口输入和输出。

如你在本书的第 11 章中所见，Python 是一个友好而功能强大的编程语言。但它不是在每个情景都能作为一个完美的选择。虽然在本章搭建的简单电路里它工作正常，但并不建议在所谓的确定性实时操作中使用。对于大多数用户，这并不重要。如果你打算把树莓派用在核反应堆核心或复杂的机器人平台，你也许需要研究使用一个较低级别的语言，例如 C++甚至汇编程序，运行在专用实时微控制器上。

如果你的项目确实需要真正的实时操作，树莓派可能会是一个糟糕的选择；相反则可以考虑使用单片机平台，例如流行的开源的 Arduino，或来自德州仪器的 MSP430 系列微控制器。这些设备都可以通过 GPIO 或 USB 与树莓派交互，同时提供专业的实时控制和传感的环境。

14.4.1　GPIO 输出——LED

在第一个示例中，你需要构建一个由一个 LED 和电阻组成的简单电路。LED 将提供可视化效果，以确认 Python 程序做了你让树莓派 GPIO 端口所要做的事，电阻会限制 LED 的电流以防被烧坏。

在装电路时，你需要一个面包板、两根跳线、一个 LED 和合适的限流电阻（如后面"计算限流电阻值"中所述）。尽管可以在没有面包板的情况下可以通过飞线来装配电路，但面包板还是值得去买的，它会使拆装原型电路更简单。

假设使用了一个面包板，电路按下列步骤装配，如图 14-4 所示。

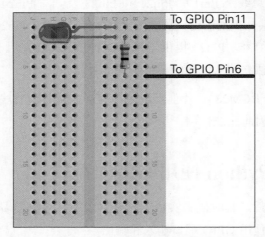

图 14-4　一个简单的通过 LED 输出的面包板电路

（1）将 LED 长引脚（负极）插入到面包板的一行中，而短脚（阴极）插入到另一行。如果你把 LED 的两根引脚接到了同一行，那么它将不工作。

（2）在 LED 短引脚的同一行中插入电阻的一根引脚并将电阻的另一根引脚插入到一个空行。电阻的引脚方向并不重要，因为电阻是一种非极性（不区分方向）的电子元件。

（3）使用跳线连接树莓派 GPIO 端口的 Pin11（或连接 GPIO 端口相应 Pin 到面包板上），使其和 LED 长引脚一端在同一行。

（4）使用另一根跳线，连接树莓派 GPIO 端口的 Pin6（或连接 GPIO 端口相应的引脚到面包板上）到包含电阻而没有 LED 引脚的一行上。

警告	树莓派 GPIO 端口在连接导线时要非常小心，如本章前面所述，如果你连错引脚，可能会对树莓派造成严重损害。

计算限流电阻值

LED 需要限流电阻以防被烧坏。如果没有电阻，LED 也许只能使用很短的时间就坏了，而且需要更换 LED。知道是一回事，但同样重要的是要选择合适阻值的电阻。太高的阻值会让 LED 非常暗淡或不发光，而太低的阻值会将它烧毁。

计算所需的电阻值，你需要知道 LED 的正向电流，这是 LED 在被烧坏之前最大的电流值，以毫安（mA）记；你还需要知道 LED 的正向电压，以伏特（V）为单位，应为 3.3 V 或更低。LED 还需要外部电源和称为晶体管的开关器件才能工作。

计算所需阻值的最简单方法是用公式 $R = (V - F)/I$，其中 R 是电阻的值（欧姆，Ω），V 是 LED 的电压，F 是 LED 的正向电压，I 是在 LED 正向电流的最大安培值（1 毫安的 1 000 倍是 1 安培）。

以一个典型的正向电流为 25 mA、正向电压为 1.7 V 的红色 LED 为例，使用树莓派 GPIO 端口的 3.3 V 的电源提供的，可以计算所需的电阻（3.3 − 1.7）/ 0.025 = 64。因此，64Ω 或更高的电阻会保护 LED。这些数值很少与出售电阻的阻值匹配，所以当你选择一个电阻时，总是取用更高阻值的电阻以保护 LED。最接近的可用阻值是 68Ω，可以确保 LED 正常工作，不受损坏。

如果你不知道 LED 的正向电压和电流（例如，如果 LED 没有说明文档或是从废弃电子产品中回收来的），谨慎起见，请选用一个大一点的电阻。如果指示灯太暗，可以再换小一点的电阻，但是如果电阻选小了，则可能导致 LED 损坏，这是无法修复的。

此时，什么都不会发生。这很正常，默认情况下树莓派的 GPIO 引脚是关闭的。立即检查电路，将导线从 Pin11 连到 Pin1，让 LED 亮起来。小心不要将其连接到 Pin2，尽管限流电阻适用于 3.3V，但在连接到 5V 电源时，它不足以保护 LED。记得再继续前移到 Pin11。

要想让 LED 做点有用的事，不如开始一个新项目。如第 11 章中介绍的，你也可以使用纯文本编辑器或内置的 IDLE 软件在推荐的树莓派发行版中开始新项目。

在使用本章前面安装的 GPIO 库前，你需要将其导入到项目中，因此可以将以下文字作为文件的开始。

```
import RPi.GPIO as GPIO
```

记住，Python 是区分大小写的，所以请确保输入的是 "RPi.GPIO"。让 Python 可以使用时间的功能（换言之，使指示灯闪烁，而不仅仅是把它开启或关闭），你还需要导入时间模块，向项目中添加以下行。

```
import time
```

导入库后，是时候处理 GPIO 端口了。通过 GPIO.output 和 GPIO.input 指令，GPIO 库可以轻松地处理通用端口。但是，在使用它们之前，你需要将 GPIO 库设置为电路板模式（根据它们在树莓派上的物理位置对引脚进行编号）并将引脚初始化为输入或输出。在该示例中，Pin11 是输出，因此将以下行添加到项目中。

```
GPIO.setmode(GPIO.BOARD)
GPIO.setup(11, GPIO.OUT)
```

最后一行告诉 GPIO 库，将树莓派 GPIO 端口上的 Pin11 设置为输出。如果要控制其他设备，你可以添加更多 GPIO.setup 到项目中。但是这里，有一个就够了。

在配置为输出引脚后，你可以打开和关闭其 3.3 V 电源来演示一个简单的二进制逻辑。指令 GPIO.output(11,True) 将打开引脚，而 GPIO.output(11, False) 则关闭它。引脚将保持最近的状态，所以如果你只给出打开引脚的命令，然后退出 Python 程序，引脚将一直打开，直到收到其他命令。

虽然你可以添加 GPIO.output(11,True) 到 Python 项目将引脚打开，使 LED 不断闪烁会更有趣。首先，添加下面一行代码到程序中创建一个无限循环。

```
while True:
```

接下来，输入下面几行代码，先打开引脚，等待 2 s，然后再将其关闭，再等待 2 s。确保每行开头都有 4 个空格，表示它是无限 while 循环的一部分。

```
GPIO.output(11, True)
time.sleep(2)
GPIO.output(11, False)
time.sleep(2)
```

那么，编写好的程序应当像下面这样。

```
import RPi.GPIO as GPIO
import time
GPIO.setmode(GPIO.BOARD)
GPIO.setup(11, GPIO.OUT)
while True:
    GPIO.output(11, True)
    time.sleep(2)
    GPIO.output(11, False)
    time.sleep(2)
```

将文件保存为 gpiooutput.py。如果你使用的是 Python 开发环境（如 IDLE），不要尝试在编辑器内运行该程序。大多数树莓派的 Linux 发行版针对 root 用户必须使用 GPIO 端口，运行该程序将需要使用命令 sudo python gpiooutput.py。如果一切顺利，你应该看到 LED 开始以一定时间间隔闪烁，至此，你已经创建了第一个在树莓派上的输出设备，可以使用<Ctrl+C>快捷键来退出执行中的程序。

如果程序没有正常运行，也不要着急。首先，检查所有连接。面包板的孔非常小，很容易让你觉得已经将元件插入到某一行中，但实际上却插在了另一行中。然后，检查对 GPIO 端口上的引脚连接。树莓派上没有标签，错误是很容易发生的。最后，再次检查元件，如果 LED 的正向电压高于 3.3 V 或限流电阻太大，LED 也不会亮。

尽管这只是一个基本示例，但它很好地示范了一些基本概念。如果要扩展其他功能，可以用警报用的蜂鸣器或机器人平台中的伺服电机来取代 LED。用于激活和停用 GPIO 引脚的代码可以集成到其他程序中，用于在新邮件到达时点亮 LED，或当一个朋友加入了 IRC 频道时发出一个信号。

14.4.2　GPIO 输入——按键输入

使用 GPIO 作为输出功能无疑是有用的，但是如果你可以将其与一个或多个输入功能相结合，它将变得更加实用。在以下示例中，你将了解如何连接一个按键，在 Python 中用它来切换到另一个 GPIO 端口上的引脚并读取其状态。

如果已经建立了 GPIO 输出的示例，你可以断开它与树莓派的连接或让其继续连着，因为该示例使用不同的引脚，所以这两个示例可以很好地并存。如果选择保留前面的示例连接，你要确保所使用的新元件连接在面包板的不同行上，不然你会发现面包板不能正常工作。请按以下步骤搭建电路。

（1）将按键开关插入面包板。大部分开关有两个或 4 个引脚。你只需要关心 4 根引脚中的两根。如果该按键具有 4 条腿，它们会是成对的。检查按键的数据表来找出配对的引脚。

（2）将 10 kΩ 电阻连接到按键引脚的一行和一个未使用的行。这是一个上拉电阻，它为树莓派提供参考电压，以便当按键按下时可以被感知。

（3）将上拉电阻的未使用引脚连接到树莓派 GPIO 端口的 Pin1，该引脚提供了 3.3 V 的参考电压。

（4）树莓派 GPIO 端口的 Pin6 连接按键开关未使用的引脚，该引脚接地。

（5）最后，将树莓派 GPIO 端口的 Pin12 连接到按键开关 10 kΩ 电阻另一引脚的那一行上。你的面包板现在看起来应该如图 14-5 所示。

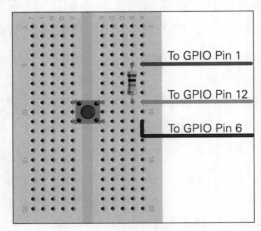

图 14-5　一个简单的通过按键输入的面包板布局

在本示例中，刚刚搭建的电路利用树莓派 GPIO 端口的 Pin12 和连接到 3.3V 电源的上拉电阻，来让引脚保持高电平。当按键被按下时，电路接地并呈低电平，使 Python 实例程序可以感知该按键已被按下。

你可能会奇怪，为什么电阻都是必需的？为什么不能简单地直接把开关连接到 Pin12 和 Pin6 或 Pin1 上？尽管这是可行的，但这样会得到一个无法知道是高电平还是低电平的状态，即悬空引脚。这样的结果是，即使按键不被按下，电路也仍然是接通的，或者即使按键被按下却无法被检测到。

在文本编辑器或在树莓派上已有的 Python 集成开发环境（IDE）中打开一个

新的 Python 文件，首先，跟之前的 GPIO 输出的示例一样，你需要导入相同的 GPIO 库。

```
import RPi.GPIO as GPIO
```

你不需要导入时间库，因为该示例不需要任何时间指令。相反，你可以设置 Pin12 作为输入。这与在输出实例中设置管脚的方式类似，只是最后一部分要进行相应地指令更改。

```
GPIO.setmode(GPIO.BOARD)
GPIO.setup(12, GPIO.IN)
```

如果你在这里没有使用 Pin12，则需要更改前面指令中的引脚号。

与上一个示例一样，下一步是创建一个无限循环不断检查输入的引脚以查看它是否一直是低电平（即按键是否被按下），开始循环使用以下代码。

```
while True:
```

读取输入引脚的状态类似于设置输出引脚的状态，有一种例外情况，在你对结果做任何有用的改动之前，需要将其存储在变量中。下面的指令告诉 Python 要创建一个新的变量 input_value（参见第 12 章），并将其设置为当前值 12。

```
input_value = GPIO.input(12)
```

虽然程序现在已经能工作了，但它做不了任何有用的事。为了让你知道发生了什么事情，添加下面的打印指令以获取反馈信息。

```
if input_value == False:
    print("The button has been pressed. ")
    while input_value == False:
        input_value = GPIO.input(12)
```

最后两行第二个 while 和第二个 input_value 是一个循环，这很重要。即使是相对高性能的台式计算机和笔记本电脑的处理器来说，在比较慢的低性能树莓派的处理器上，Python 运行速度也是非常快的。这个嵌入环告诉 Python 不停地检查 Pin12 的状态，直到它不再是低电平，此时它知道该按键已被松开。如果没有这个循环，程序会在按键按下时不停地循环，而无论你的反应有多快，都会多次看到打印到屏幕上的消息，这是不正确的。

最后的程序看起来是这样。

```
import RPi.GPIO as GPIO
GPIO.setmode(GPIO.BOARD)
GPIO.setup(12, GPIO.IN)
while True:
    input_value = GPIO.input(12)
    if input_value == False:
        print("The button has been pressed.")
        while input_value == False:
            input_value = GPIO.input(12)
```

将文件保存为 gpioinput.py，然后从终端使用 python gpioinput 来执行它。开始时，什么都不会发生，但是如果你按下按键，程序将把第 7 行的消息打印到终端上（见图 14-6）。松开按键，然后再按一次，消息将被重复打印，直至你按 <Ctrl + C> 组合键，才停止并退出。

图 14-6　程序 gpioinput.py 的输出

与先前输入的示例一样，这是一个看似简单的程序，但它可以用于多种用途。除了能够读取按键是否被按下，相同的代码还可用于读取独立设备的引脚（如传感器或外部微控制器）是否被拉高或者拉低。

通过扩展代码可以查看多个按键，每个按键与独立的 GPIO 引脚连接，你甚至可以创建一个简单的 4 键游戏控制器。例如，你可以将上面的代码与前面的 Raspberry Snake 游戏结合，把树莓派变成一个简单的游戏控制台。你还可以把输入和输出的例子合并成一个程序，等待按键被按下，然后通过把输出引脚电平拉高来打开 LED。你要理解本节的概念，然后再尝试创建合并程序吧！如果你卡住了，请仔细检查自己的方法，请参考附录 A，那里有一个示例解决方案。

14.5 焊接树莓派 Zero 的 GPIO 插头

树莓派 Zero 在主流的树莓派系列中是独一无二的，这不仅仅因为它的体积小，还因为它还是唯一一款没有焊接 GPIO 端口插头的型号，这意味着它没有大多数树莓派型号上的 GPIO 端口插针。这也使树莓派 Zero 更灵活。如果你的项目只需要几个 GPIO 端口，则可以将电线直接焊接到插口上以节省空间；如果你根本不需要 GPIO 端口，这将使树莓派 Zero 成为目前为止最薄的树莓派。

但是，如果你想将树莓派 Zero 与现有的树莓派硬件和扩展板一起使用，那么你需要焊接自己的插头。焊接需要的设备如图 14-7 所示。

图 14-7　焊接 GPIO 插头到树莓派 Zero 上的设备

■　烙铁和焊锡。

■　树莓派 Zero。

■　2.54 mm 公针插头。

使用公头插针可以使树莓派 Zero 与任何硬件扩展板（HAT）或其他专为树莓派系列设计的扩展板兼容。或者你也可以在树莓派 Zero 上焊接母头插座，以便使用标准的公对公跳线连接树莓派 Zero 与面包板。如果你不知道从哪里能获取这些工具和材料，请参考第 13 章来获取供应商信息。

　　GPIO 插头通常以长行形式提供。专业的树莓派供应商会提供一个两行 40 引脚（2×20）的 PCB 布局，可以直接连接外设到树莓派 Zero 上，其他供应商可能会提供一行 36 引脚（1×36）或更长的 PCB 布局。如果是后一种更长的树莓派，从其中一条排针中数出 20 个并将多余部分的排针折断，另一条排针做同样的操作，将每一条排针插到树莓派 Zero 的 GPIO 插头焊孔中（见图 14-8）。

图 14-8　将公头排针插入树莓派 Zero 的 GPIO 插头焊孔中

警告	烙铁在使用过程中会变得非常热，焊锡本身含有对身体健康有害的化学物质。使用电烙铁时要特别小心，确保工作区域清洁，易燃材料清洁，通风良好，并在使用焊锡前后洗手。

　　首先将 2.54 mm 的排针插入到树莓派 Zero 主板的顶部。然后将树莓派 Zero 翻过来，将排针引脚固定（你可以找一些胶带、其他黏性物或用面包板来固定好排针）。排针的黑色塑料应平放在树莓派 Zero 的正面顶部，同时排针穿过焊孔。现在树莓派 Zero 面朝上，确保排针尽可能平直，如果排针没有放平直而以一定角度进行焊接，那么其他硬件将很难连接上。

　　当电烙铁达到一定温度时，可以清洗烙铁头并将其镀锡（参见第 13 章）。将电烙铁尖靠在 GPIO 端口中的一个引脚上，确保烙铁头同时接触引脚和电路板焊孔的圆形焊盘。大约 3 s 后，将焊锡推向排针引脚和焊点（不是推向电烙铁的尖部），让焊锡熔化（见图 14-9）。如果你焊接正确，焊锡应充满整个焊盘和排针引脚底部；如果焊接不正确，则需要重新调整电烙铁，再试一次。

图 14-9　焊接树莓派 Zero 的 GPIO 插头

　　焊接完一个引脚后，剩下的 39 个引脚使用同样的方法，重复这个操作，焊接完就可以完全固定 GPIO 插头了。再次清洁烙铁头并镀锡，拔下电源线，将电烙铁放入烙铁架，等待电烙铁和树莓派 Zero 的 GPIO 插头冷却。如果你之前用胶带或油灰等来固定排针，那么现在就可以把它擦掉了。为使焊接面更清洁，你也可以用商业焊剂清洁剂将焊接残留物从树莓派 Zero 的底部清洗掉。

　　在重新插入树莓派 Zero 之前，请仔细检查焊点，避免使用过多的焊锡引起引脚短路。如果有，请加热电烙铁并用它来熔化焊锡，然后用吸锡带或吸锡器清除多余的锡，以免损坏树莓派 Zero。

第 **15** 章
树莓派的摄像头模块

由树莓派基金会的工程师们所设计的树莓派摄像头模块，是为你的工程增加图像和视频记录能力的最简单方式。该摄像头模块通过**摄像头串行接口**（Camera Serial Interface，CSI）与树莓派连接，它最长的边只有 25 mm，质量仅 3 g（见图 15-1）。

自发布以来，摄像头模块已经在很多项目中被使用，这些项目的范围从简单的家庭安全系统到更复杂的追踪用户的脸和手势的计算机视觉实验，涉及方方面面。该模块甚至通过捆绑在气象飞船上并释放抵达了近地太空，用来收集实时、高质量的图像。

摄像头模块由智能手机上常用的800 万像素传感器和位于其上的固定

图 15-1　树莓派摄像头模块（不含带状线缆图）

焦距镜头构成。模块与树莓派的图像处理器串联工作，在确保视频是高分辨率的同时，还可以流畅地录像而不会使树莓派的主处理器过载或占用太多内存。

15.1　为何使用摄像头模块

如果你没有拍摄图像或视频的需求，就不需要摄像头模块。这只是个可选的扩展模块，树莓派没有它用起来也很好。用其他产品也可以为树莓派增加视觉功能，例如使用 USB 接口连接的网络摄像头。

树莓派只有有限的几个 USB 接口，而且这些 USB 接口往往被用于一些更不可或缺的功能，例如键盘、鼠标和无线网络适配器。这对于树莓派 Model A 尤为明显，因为它只有一个 USB 接口可用。

官方的摄像头模块比起传统的网络摄像头还有其他优势：它耗电很少，不会增加树莓派电源供应的负担或电池的负担（对于便携的项目或使用太阳能的项目来说）；它能够提供高达 500 万像素的图像拍摄以及每秒 30 帧的全高清分辨率视频拍摄；同时它体积比 USB 连接的网络摄像头更小。

摄像头模块和所有型号以及各版本的树莓派都兼容，所以如果你还没决定项目是否需要一个摄像头，请不用担心，因为任何型号的树莓派都可以在以后添加该摄像头模块。

15.2　选择摄像头模块

树莓派摄像头模块有两种主要类型：标准版和 NoIR 版。如果你想要在光线充足的环境中拍摄彩色图片或视频，或者你自己为场景提供可见光照明，那么你可以选择标准版摄像头模块。

NoIR 摄像头模块是标准版本的修改版本，其结构中没有红外滤光片。在白天，这会导致图像比标准版稍差。然而，在黑暗中，它会让人眼看不到的红外光照亮场景；对于摄像头，光线足够明亮，便可以创建周围区域的黑白图像或视频。请注意，NoIR 摄像头模块出售时不带有红外 LED，你需要单独购买 LED，或者配备自带支架的红外手电筒，或者类似的产品，以启用夜视模式。

此外，目前还有两种主要的摄像头模块修订版。任何标记为 v1.0～v1.9 的版本都具有 500 万像素的图像传感器；标记为 v2.0 或更高版本的摄像头模块都将其替换为更高分辨率的 800 万像素图像传感器，从而可以拍摄更高质量的静止图像。这两个版本都有标准版和 NoIR 版。

15.3　安装摄像头模块

树莓派摄像头模块就和树莓派一样，也是在一块裸露的电路板上实现的。尽管它相当健壮，你在使用的时候还是要小心，以免损坏了它的部件，尤其是位于摄像头传感器上的塑料镜头。

摄像头模块通过**带状线缆**与树莓派的 CSI 连接器连接，这是一种扁平且半硬可弯折的线缆。拿起摄像头，你会看到带状线缆的一端已经嵌入模块里，另一端的一侧是蓝色，一侧有着银白色触体。这些触体是和树莓派 CSI 连接器的触点相连的，可以在树莓派和摄像头模块之间传输电源和数据。

CSI 连接器位于主板右侧的 USB 接口旁边，写有 S5 或 CAMERA 的标记（见图 15-2）。树莓派 Model B 的 CSI 连接器位于以太网口的左边；树莓派 Model A 的 CSI 连接器也在同样的位置，只是它的 USB 接口下方的以太网口处是个缺口。有些型号的 CSI 连接器上会有一层塑料薄膜保护，你在连接摄像头之前需要先把薄膜揭掉。

图 15-2　树莓派 3 Model B 的 CSI 连接器

在板子左侧还有一个样子差不多的连接器，这是**显示串行接口**（DSI）连接器，它用来连接树莓派和液晶显示器。这两个接口是不能互换的，如果你把摄像头连接到 DSI 接口上而不是 CSI 接口，它是不能工作的。

在插入带状线缆之前，必须先将连接器两端的**支托**轻轻抬起来。你可以用指甲拨动，不过要小心一点，支托很容易就能抬起，而且抬出 CSI 连接器几毫米后就会卡住（见图 15-3）。然后你可以将支托向与 HDMI 接口相反的方向轻轻撬开一点，留出空隙以插入带状线缆。

图 15-3 插入带状线缆前先抬起 CSI 连接器的支托

将带状线缆空出的一端插入 CSI 端口，确保带银色触体的一面朝左，蓝色的一面朝右。轻轻推入带状线缆，注意不要折起，然后将支托退回原位，固定住带状线缆（见图 15-4）。如果已正确连接，带状线缆应该笔直地从连接处连出，而且当你轻拽带状线缆时会有一点阻力。不要太用力拉拽带状线缆，不然可能会把带状线缆损坏。

图 15-4 将摄像头模块的带状线缆牢牢插入 CSI 连接器

警告　　　树莓派摄像头模块的带状电缆是相当结实的，经常使用也依然能够可靠地工作。但是折叠很容易使它损坏。当插入带状电缆或移动摄像头时，请小心不要将带状电缆折叠。如果你不慎损坏了带状电缆，在大多数树莓派经销商处都能买到并替换。

如果树莓派装在一个盒子里，当你使用摄像头模块时，需要将带状线缆穿过一个瘦长的槽孔或将它放在塑料夹板之间。有的盒子没有专门为摄像头模块设计槽孔，你可能需要把盖子掀开来安放带状线缆。请固定摄像头模块使带状线缆端位于模块底部，如果没办法这样做，在本章后面我们将介绍用软件选项来翻转颠倒的图像。

安装摄像头的最后一步是揭掉镜头上小小的塑料保护薄膜。顺着镜头上朝外突出的小标签轻轻向上拉动，就可以将薄膜轻松撕掉了。尽管留着这张膜在上面可以保护镜头，但是当你每次用它拍摄时，画面总会盖上一层令人沮丧的蓝色。

15.4　启用摄像头模式

Raspbian 发行版默认包含树莓派摄像头模块的驱动软件。如果你用的是该发行版的较老版本，可能会找不到相关文件，你需要从终端或控制台用以下命令更新系统（详情参见第 3 章）。

```
sudo apt-get update && sudo apt-get upgrade
```

要使摄像头模块正常工作，你可能还需要修改一些系统设置。尤其要注意，录制视频需要树莓派的 BCM283x 处理器的图形处理部分有至少 128 MB 的可用内存，如果可用内存小于 128 MB，虽然还能正常拍照，但是无法进行视频录制。关于修改内存划分的详细内容可参见第 6 章。

最简单的确保树莓派摄像头正常配置的方法是使用树莓派软件配置工具 raspi-config，在终端中输入以下命令启动工具。

```
sudo raspi-config
```

在菜单中移动光标选择选项“Enable Camera”，然后按回车键，选择屏幕中的“Enable”，再次按回车键（见图 15-5）。如果摄像头模式之前是禁用状态，你会收到提示要求重启树莓派，按回车键确认即可。

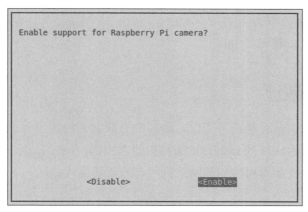

图 15-5 在树莓派软件配置工具 raspi-config 中启用摄像头模式

提示 　如果你在 raspi-config 中找不到摄像头选项，可能运行的是一个已经过时的系统版本。用 sudo apt-get update && sudo apt-get upgrade 命令更新你的软件系统！然后重启树莓派，再次运行 raspi-config。

重启之后，摄像头模块就可以开始使用了。

这一步是可选的，如果想要从控制台查看拍摄的图像而不需要载入图形界面，你需要安装**帧缓冲区图片查看器** fbi，输入以下命令即可。

```
sudo apt-get install fbi
```

要使用该工具查看图像（见图 15-6），输入以下命令和图像名称即可。

图 15-6 使用 fbi 查看拍摄的图像

```
fbi -a imagename.jpg
```

按 Q 键或 Esc 键退出 fbi。

15.5 拍摄照片

要测试摄像头是否能正常工作，最好的方法就是拍张照片试一试。摄像头模块使用一个定制的软件包 raspistill 来拍摄静态图像，同时默认保存为 JPEG 格式的文件，与大多数数码相机和智能手机所有的图片格式相同。

树莓派摄像头所用的软件运行于终端或控制台。在运行软件时，最好是使用纯控制台，而不是用 startx 命令载入图形用户界面（参见第 3 章）。

raspistill 命令接受一些可选的控制参数，例如设置所拍照片的水平和竖直方向分辨率、摄像头的曝光模式、保存的文件类型以及照片最终的压缩级别。如果没有在命令左边设置选项，就会采用默认值设置。

在控制台运行 raspistill 程序测试摄像头，命令如下。

```
raspistill -o testcapture.jpg
```

这时摄像头前的红灯会开始闪烁，然后屏幕显示 5 s 的实时预览画面（见图 15-7）。闪烁的红灯是一个活动状态指示灯，用来确认摄像头正常工作。如果你在这 5 s 内在摄像头前晃动手指，画面会实时显示在窗口中。5 s 结束，指示灯就会熄灭，预览窗口也会随之消失。

图 15-7 raspistill 拍照应用显示的一个实时预览图像

提示	有时，由于线缆的位置关系，会使摄像头很难摆放到合适的位置。如果预览图是颠倒的，可以使用-vf（垂直翻转）与-hf（水平翻转）选项来校正图像。同其他选项一样，你只需将该选项追加到命令行后面即可。

当预览完成时，-o（output 输出）选项将图片保存到名为 testcapture.jpg 的 JPEG 格式文件中。在使用-o 选项的同时，你还可以用-e（encoding 编码）改变文件保存的类型。目前所支持的文件类型有 BMP、PNG 以及 GIF。例如，要保存为 PNG 格式，可用如下命令。

```
raspistill -o testcapture.png -e png
```

这里的 png 可以改为 bmp、gif 或 jpg 等其他支持的类型。如果你忘了加-e 选项，文件仍可以保存，但是会无视它的扩展名，总是保存为 JPEG 格式的数据。

还有一对常用的选项可以用来调整照片的宽度和高度。对于有些计算机视觉的项目需要拍摄低像素的照片，或只是单纯想要节省空间，这对参数很有用。

-w 选项调节照片的宽度，-h 选项调节照片的高度。这两个选项通常一起使用，用于调整照片的整体分辨率。要拍摄一张和全高清 TV 或蓝光电影一样分辨率（1920 像素×1080 像素）的照片，可输入以下命令。

```
raspistill -w 1920 -h 1080 -o fullhdcapture.jpg
```

最后一个需要知道的基本选项是-t，它可以控制预览的延时。在拍照之前，raspistill 默认的实时预览时长是 5 s，-t 选项可以重载这个默认值。延时数值需要用 ms 计。要设置为延时 10 s 后拍照，可用如下命令。

```
raspistill -t 10000 -o tensecondcapture.jpg
```

如果要将延时设为最小以达到立即拍照的效果（例如你正从一个 shell 脚本中运行软件，这在本章后面部分会讲到），可用如下命令将值设为 1。

```
raspistill -t 1 -o instantcapture.jpg
```

输出选项（-o）后跟的文件名可以是任意的，前面命令中用的文件名只是举个例子。在写文件名时，一定记得加上适合文件类型的扩展名：例如 JPEG 图像用.jpg，PNG 图像用.png，位图用.bmp，而 GIF 图片用.gif。

关于 raspistill 所有可用选项的详细描述请参见附录 B，也可以用下面的命令查看选项类别。

```
raspistill --help | less
```

15.6　录制视频

正如同有用树莓派摄像头模块拍摄静态照片的专用程序一样，与之相对的也有一个用于视频录制的专用程序：raspivid。raspivid 的用法和 raspistill 类似，不过在使用之前，你需要知道它们的几点不同之处。

raspivid 与 raspistill 最重要的不同之处在于-t 选项。在 raspistill 中，-t 选项用于设置照片拍摄前的预览延时；而在 raspivid 中，-t 选项表示录制视频的长度限制。如果选项值设为 0，视频将一直录制，这很快就会填满你的 SD 卡或外部存储设备。

和 raspistill 一样，-t 选项的默认值是 5s。所以，如果要检查摄像头是否能正常录像，用下面命令和-o（输出）选项、文件名，录制一个短视频。

```
raspivid -o testvideo.h264
```

这会录制一个 5 s 的视频并以 h.264 的格式保存。和 raspistill 不同，没有选项可以改变保存的文件格式：raspivid 使用树莓派 BCM283x 处理器的硬件加速进行录像，只支持 h.264 一种录制格式。

如果你回放视频，会发现它没有声音。很遗憾，树莓派摄像头模块没有包含麦克风输入。尽管可以用特定的 USB 麦克风或声卡连接树莓派进行音频录制，但是需要单独的录制软件，而且之后还要用视频编辑软件将它和视频文件组合起来。

其他 raspistill 支持的选项，raspivid 也支持。例如，要设置视频的宽度和高度为 1280 像素×720 像素，可以用-w 和-h 选项，命令如下。

```
raspivid -w 1280 -h 720 -o hdvideo.h264
```

要录制更长的视频，用-t 选项调整视频长度的毫秒数，输入以下命令可录制一分钟的视频。

```
raspivid -t 60000 -o minutelongvideo.h264
```

提示　　尽管 h.264 是一种十分高效的视频格式，但录制高分辨率的视频仍然会占用很多磁盘空间。如果你要录制较长的视频，请先确保 SD 卡中有足够的剩余空间，或者考虑连接一个 USB 存储设备，例如外部硬盘。

你可以在附录 B 中查看 raspivid 的更多选项，或用下面的命令列出可用选项。

```
raspivid --help | less
```

15.7　命令行定时拍照

现在，你已经学会了树莓派摄像头模块的基本使用方法，是时候在项目中进行实践了。树莓派相比于普通网络连接摄像头的关键优势在于，树莓派提供了通过简单编程实现各种不同任务的能力。例如，你可以将连接摄像头模块的树莓派打造成一个定时拍照系统。

raspistill 软件有一个内置的定时选项：-tl。使用该选项，可以在自动拍照时设置以 ms 为单位的时间。你选择的值在很大程度上取决于你想要抓拍的内容。如果你想要捕获一天内的天气变化，可以每 10 s 抓拍一次；如果想记录一栋建筑物在几个月内的建造情况，定时半小时可能更合适。

在选择捕获图像的频率时，应考虑将生成多少张图像：设置为每 10 s 抓拍一次，则一个月内将生成大约 24.2 万张图像，如果分辨率更高，这些图像可能要占用树莓派的所有存储空间。另外，你还要考虑录制的视频最终要多长时间：用 30 s 捕获数千张图像真的是一种浪费，这占用了太多存储空间，但是如果用一小时捕获 100 张图像，则得到的视频一定不会很流畅。

首先，打开终端或使用控制台，为图像创建一个文件夹。

```
cd ~
mkdir timelapse
cd timelapse
```

在新文件夹中，使用以下命令开始捕获图像。

```
raspistill -o frame%08d.jpg -tl 10000 -t 600000
```

在默认情况下，raspistill 命令输出到单个文件，因此每次定时触发都会覆盖原来捕获的图像，而这里的文件名中包含一个"%08d"，表示在每次运行时向文件名中插入一个递增的数字。这些数字由 0 填充，使其长度为 8 位，这确保即使你捕获多达 1 000 万张图像，这些图像也能被有序地存储下来。-tl 10000 选项表示 raspistill 每 10s 捕获一张图像，-t 600000 选项表示 raspistill 程序一共运行 10min

（600s 或 600 000ms）。

当你尝试定时拍照时，可以修改上述两个值：较短的-tl 延时会生成更多的图像，以获得更流畅的视频效果，而较长的延时会在较长的时间内拍摄图像，这样会节省存储空间。你应该将-t 延时设置为抓拍过程所需要的时间，如果有疑问，可以将其设置为比你需要的更长的延时。你可以使用<Ctrl+C>快捷键取消正在进行的拍照，这并不会丢失任何已经捕获的图像。

定时拍照通常用来将一个又长又复杂的内容压缩成简短的视频。有些商用的定时拍照装置相当昂贵，它们通常用来录制植物的生长、大楼的建造过程或者交通流信息等。树莓派也可以做这些事情，而且成本很低。

你可以用视频编辑软件或者 avconv 工具将拍摄的照片转成视频。avconv 可以直接在树莓派上运行，不过它是一个很占资源的程序，如果你有很多高分辨率的图像要转换，这会花费相当长的时间。如果你有耐心直接在树莓派上做格式转换，那么请用以下命令安装 avconv。

```
sudo apt-get install libav-tools
```

然后输入以下命令进行格式转换。

```
avconv -r 10 -i frame%08d.jpg -r 10 -vcodec libx264 timelapse.mp4
```

它将用所有之前通过 raspistill 保存到当前目录下的 JPEG 格式图像创建一个视频录像，每秒显示 10 张图像，要进一步加快视频速度，你可以调整-r 选项：-r 15 会每秒显示 15 张图像，-r 20 会每秒显示 20 张图像，以此类推。完成的视频还可以直接分享或上传到视频网站上。

第 16 章
扩展电路板

树莓派不仅仅是一台单板计算机，还是一个完整的生态系统。树莓派的低成本、现成可用性和丰富的板载扩展接口为人们提供了更多的想象力和创造力。来自世界各地的工程师和爱好者们已经推出了数百个与树莓派兼容的扩展电路板，其中许多扩展电路板可以直接通过多功能通用输入/输出（GPIO）端口连接使用。

除了第三方扩展设备，树莓派基金会还设计、生产并发布了一系列旨在扩展树莓派功能的第三方扩展电路板，其中有一些扩展电路板模块已经在本书前面介绍过，例如树莓派摄像头模块和树莓派 Wi-Fi 适配器。本章将介绍其他扩展电路板的安装和使用。

在编写本书时，树莓派基金会已经为树莓派发布了以下几种硬件扩展电路板。

- **通用树莓派电源模块**：为任何型号的树莓派或其他 micro-USB 设备提供高品质的电源，具体内容请参见第 2 章。

- **树莓派 Wi-Fi 适配器**：用于通过 USB 接口向树莓派添加无线网络功能，具体内容请参见第 5 章。

- **树莓派 Zero 适配器套件**：将树莓派 Zero 的 micro-USB OTG 和 mini-HDMI 接口转换为其全尺寸等效接口，同时可与焊接到 GPIO 端口的公头引脚接口连接，具体内容请参见第 14 章。

- **树莓派摄像头模块**：连接到树莓派的摄像头串行接口（CSI）上，以捕获视频和静止图像，具体内容请参见第 15 章。

- **树莓派官方盒子**：一个由 5 个部分组成的塑料外壳，可容纳树莓派 Model B+、树莓派 2 或树莓派 3，同时提供所有外设访问的接口。

■ **树莓派 7 英寸触摸显示屏**：连接树莓派的显示串行接口（DSI），提供全彩色视频输出和触摸感应输入。

■ **Sense HAT**：一个可附加在树莓派上面的多功能硬件（HAT）模块，包括方向、压力、湿度和温度检测功能以及一个 8 像素×8 像素的 LED 矩阵显示屏。

所有这些扩展电路板都可以从树莓派官方合作伙伴 Element14 和 RS Components 获取，也可以从本地和第三方在线电子产品网站获取。

16.1　树莓派官方盒子

树莓派官方盒子（见图 16-1）由 5 个部分组成，其作用主要是保护树莓派，但是给树莓派装上盒子并不妨碍树莓派任何端口的连接或功能的使用。盒子的底部和顶部将树莓派固定在盒子里面，可拆卸的一侧和顶部面板都有电源开关，也留有访问树莓派 GPIO 端口和任何附加 HAT 模块的接口。

图 16-1　树莓派官方盒子

警告　树莓派官方盒子与树莓派 Model B+、树莓派 2 和树莓派 3 兼容。盒子也可以与树莓派 Model A+一起使用，但是 Model A+的长度有些短，使得主板上的单个 USB 接口更难被连接上。这种情况与树莓派 Zero 或计算机模块不兼容，也与旧版的树莓派 Model B 或树莓派 Model A 不兼容。

　　使用树莓派盒子很简单：不需要任何工具，盒子的各部分可以很轻松卡入到位，而且不用螺钉或螺栓。首先拆下盒子的两个侧面板，通过挤压盒子底部带有树莓派标志的两个三角形向上的凹痕，将盒子的上半部分与底部分开，然后向上拉。上半部分将会以一定角度抬起，当盒子前部露出来时，就可以通过两个固定夹自由地拉出盒子顶盖了。

　　此时，你也可以通过从盒子上部推出顶盖并将其取下，如果你不需要垂直方向连接 GPIO 端口并且不打算安装 HAT 模块，则可以将其保留在原来位置不动。

　　树莓派官方盒子分成了 5 个部分，将树莓派放入盒子的底部，然后将盒子上的小塑料针与树莓派上的安装孔对齐（见图 16-2）。树莓派将被简单地放在盒子后部安装针的顶部、最靠近 micro-SD 卡插槽和 DSI 接头的地方，轻轻弯曲并推动盒子，使盒子前面的安装针穿过树莓派的安装孔将其固定到位。如果你有 HAT 模块，现在就可以将其连接到树莓派的 GPIO 插头上。

图 16-2　将树莓派安装在官方盒子里

　　用盒子的上半部分，无论是否有最上面的盖子，将其后部固定夹与盒子下半部分中的匹配孔对齐，然后将盒子前部向下推到树莓派的 USB 和以太网端口上（见图 16-3）。确保两个侧面的固定夹对齐，然后轻轻向下推，会听到"咔哒"一声就安装好了。

　　安装第一个侧面板，这上面有电源、HDMI 和模拟 AV 端口的接口，轻轻推入到位，直到听到"咔哒"声，就安装好了。以相同的方式安装第二个侧面板，或者不安装它也可以,这样便于连接 GPIO 端口。全部安装好后就可以欣赏你的作品了!

图 16-3 组装树莓派盒子顶部

16.2 树莓派 7 英寸触摸显示屏

树莓派 7 英寸触摸显示屏将树莓派变成了一款类似平板电脑的设备,提供 10 点触控手指跟踪功能以及 800 像素×480 像素分辨率的全彩显示屏。使用触摸屏显示,可以与树莓派进行交互,不需要键盘或鼠标等外部设备(见图 16-4),同时仍然可以使用树莓派的 GPIO 端口。

图 16-4 使用树莓派 7 英寸触摸显示屏

Raspbian 和 Raspbian 其他发行版自带树莓派 7 寸触摸显示屏驱动。如果你运行的是另一种操作系统，在购买和安装显示器之前，请检查其网站或支持论坛，了解兼容性信息。

首先拆开显示屏包装，特别注意显示屏面板边缘和连接底盘背面转换器板到显示屏内部的带状电缆（见图 16-5）。这条电缆的任何一点损坏都将使触摸屏显示无法使用。如果处理不当，面板的边缘可能会破裂。为了避免刮伤显示屏面板，触摸屏上面有一层塑料保护膜，在没有安装完树莓派之前，请不要撕下塑料保护膜。

图 16-5　触摸显示屏上薄而脆的带状电缆

从包装中取出扁平带状电缆，转动它，使闪亮的银色触点朝上。在屏幕后面转换器板的左边缘找到 DSI 连接器，在屏幕上轻轻拉动两侧伸出的突出部分。将带状电缆的一端插入到 DSI 连接器中，银触点朝上，然后轻轻推动卡舌将锁扣固定到位（见图 16-6）。轻轻拖动带状电缆，保证它不会松动，以确保其已被正确固定安装好。如果它是免费的，拉动标签释放带状电缆并再试一次。如果在带状电缆固定安装好时仍然可以看到一些银丝带电缆，请不要担心，这是完全正常的。

如果触摸屏上的螺丝已经固定在金属支柱上，可以用十字螺丝刀把它们松开。螺柱松动后，可以用手指捏住它，让它保持稳定，同时取下螺丝，然后轻轻扭转螺柱，将其重新拧紧。拿起树莓派将其安装孔放在触摸屏支柱上，HDMI 接口朝下，DSI 连接器最靠近从适配器出来的带状电缆。将螺柱穿过安装孔并拧紧，但不要拧得太紧（因为这样会损坏树莓派和显示屏）。

图 16-6 将带状电缆安装到适配器板上

如果树莓派没有插入 micro-SD 卡，那么请在打开 DSI 连接器卡扣之前将卡插入卡槽，之后取下带状电缆的一端，将其插入树莓派的 DSI 连接器，银触点朝向树莓派主板（见图 16-7），插上后，它会在树莓派和适配器板之间形成平滑的曲线，不要扭曲或转动。向下推动卡舌以固定电缆，再次轻轻拖拽带状电缆检查它是否被牢牢卡住。

图 16-7 将带状电缆安装到树莓派上

要为触摸显示屏供电，请将连接到优质 5V 电源的 micro-USB 电缆插入适配器板底部的 micro-USB 连接器。然后，你可以使用第二根 micro-USB 线和 5 V 电源为树莓派供电，也可以让它从适配器板获取电源。后一种方法的主要优点是只需要一根连接显示器的电缆和一个墙壁插座即可。

有两种方法可以让树莓派从触摸屏上获取电能。最简单的方法是将 micro-USB 线缆的大端插入适配器板右侧的 USB 接口，然后将小端插入树莓派的 micro-USB 电源输入端。另一种方法是使用母对母杜邦线将适配器板直接连接到树莓派的 GPIO 插头（见图 16-8），如果你不打算使用任何附加硬件，可以在适配器板 GPIO 插头最右侧的引脚和树莓派 GPIO 插头的引脚 6 之间使用黑色杜邦线进行连接，然后使用红色杜邦线连接适配器板 GPIO 插头最左侧引脚和树莓派 GPIO 插头的引脚 4。请仔细检查连接，以避免损坏任何设备，特别要注意引脚千万别插错了（详细内容请参见第 14 章）。

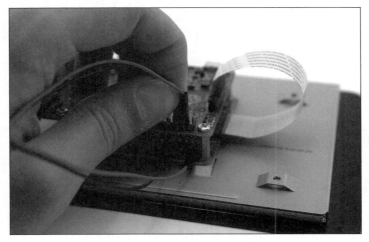

图 16-8　用触摸显示屏的 GPIO 端口为树莓派供电

最后，将触摸屏和树莓派（如果你没有从适配器板获取其电源）连接到电源。树莓派将启动并自动将显示屏作为其主显示器。触摸显示屏可以同时跟踪多达 10 个手指，无须校准，通过手指在屏幕上拖动来移动鼠标光标并单击。

16.3　Sense HAT

Sense HAT 是一个多功能输入和输出扩展板，用于 Astro Pi 编程。Astro Pi 目前正作为发送到国际空间站的科学包的一部分绕地球轨道运行。其板载传感器通过陀螺仪、加速度计和磁力计以及环境空气压力、温度和湿度水平来获取有关电路板定位和位置的信息。将板载 8×8 LED 点阵作为输出显示，通过使用 Sense HAT 的五向操纵杆可以实现人机交互（见图 16-9）。

图 16-9　Sense HAT

Astro Pi 计划为 Sense HAT 用户提供了丰富的资源，提供了在 Python 和 Scratch 中使用该设备的示例工程。你可以在官方网站上找到这些例程以及有关使用 Sense HAT 收集国际空间站信息的资源。

警告　Sense HAT 与树莓派 Model A+、树莓派 Model B+、树莓派 2 和树莓派 3 兼容。如果在安装过程中使用 USB 网络适配器或预装了软件的 micro-SD 卡，它也与树莓派 Zero 兼容，在树莓派 Zero 上插入 GPIO 插头并将其焊接到位即可。Sense HAT 与原始的树莓派 Model A 或 Model B 不兼容，也与计算模块不兼容。有关树莓派型号之间差异的更多信息，请参见第 1 章。

16.3.1　安装

首先，使用十字螺丝刀和 4 个螺钉将 Sense HAT 附带的 4 个安装支柱固定到树莓派的安装孔中，将其中一个螺钉穿过树莓派上的安装孔，然后将它固定在适当的位置，同时将安装柱固定在顶部，不要过紧（见图 16-10）。如果你使用的是树莓派 Zero，则只能连接 4 个支柱中的两个，这些支柱应插入树莓派 Zero 顶部的两个安装孔中。接下来，将 Sense HAT 推到树莓派的 GPIO 引脚上，确保引脚与 Sense HAT 底部的母头对齐。最后用剩下的 4 个螺丝固定 Sense HAT，再次注意不要拧得过紧。

图 16-10　安装黄铜支柱

与本章介绍的其他设备不同，Sense HAT 需要先安装一些软件才能使用（见图 16-11）。确保树莓派已连网（如果你使用的型号是树莓派 Model A +或树莓派 Model Zero，则需要使用 USB 网络适配器或暂时将 micro-SD 卡安装到树莓派 Model B+、树莓派 2 或树莓派 3 中来执行该步骤）。然后在控制台或终端输入以下命令来安装 Sense HAT 软件。

```
wget -O - http://www.raspberrypi.org/files↵
/astro-pi/astro-pi-install.sh --no-check-certificate | bash
```

在树莓派 Model A+和树莓派 Model B+上完成安装过程最多需要 20 分钟，在更快的树莓派 2 和树莓派 3 上大约需要 5 分钟，所以要耐心等待。当安装完成后，你需要使用以下命令新启动树莓派。

```
sudo reboot
```

当树莓派重新启动后，Sense HAT 即可使用。

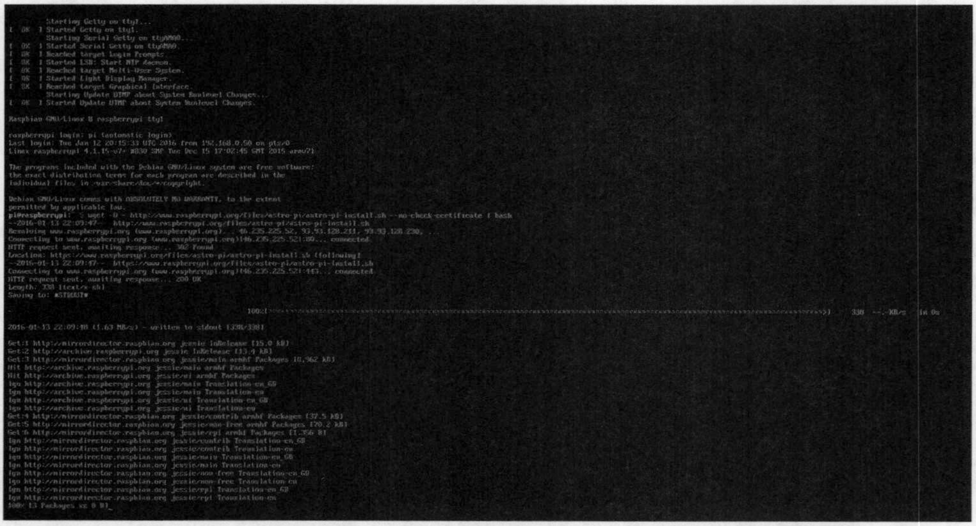

图 16-11 安装 Sense HAT 软件

16.3.2 Sense HAT 编程

开始编写 Sense HAT 程序的最快方法是使用 Python。首先介绍一个简单例子，仅输出测试 Sense HAT。创建一个新的 Python 文件（参见第 11 章），在文件中输入以下内容。

```
#!/usr/bin/env python
from sense_hat import SenseHat
sense = SenseHat()
sense.show_message("Hello, world!")
```

保存文件并运行它，你将看到要输出的消息在 Sense HAT 的 LED 显示屏上滚动（见图 16-12）。sense.show_message 函数是不需要连接显示器就可以从 Sense HAT 获得输出的一种方法，不过也可以用其他显示方式进行测试，比如循环使用各种颜色等。

要从 Sense HAT 的板载传感器中读取信息，请创建一个包含以下内容的新 Python 文件。

```
#!/usr/bin/env python
from sense_hat import SenseHat
sense = SenseHat()
while True:
```

```
temperature = sense.get_temperature()
pressure = sense.get_pressure()
humidity = sense.get_humidity()
sense.show_message("The temperature is %d, the
pressure is %d, and the humidity is %d." % (temperature,
pressure, humidity)
```

图 16-12　用 Sense HAT 的 LED 点阵屏滚动显示消息

　　程序以无限循环方式运行，不断更新读数并将其显示到 LED 点阵屏上。要停止运行，请按<Ctrl + C>快捷键。

| 提示 | 所有电子设备都会产生功耗，树莓派和 Sense HAT 也不例外。你会发现从 Sense HAT 的温度传感器读取的值要高于放置在房间其他地方传感器检测的值，而且如果使用 LED 点阵屏，温度值还会上升。 |

　　如果要确定 Sense Hat 的方向，可以使用加速度计、陀螺仪和磁力计来进行检测，请创建一个包含以下内容的新 Python 文件。

```
#!/usr/bin/env python
from sense_hat import SenseHat
sense = SenseHat()
while True:
    orientation = sense.get_orientation()
    print "Pitch %d, roll %d, yaw %d" % (orientation['pitch'],
 orientation['roll'], orientation['yaw'])
```

保存并运行该文件，查看打印到控制台或终端的数据。移动 Sense HAT，你将看到数值根据树莓派面向的方向和角度而变化（见图 16-13）。使用 sense.get_orientation 函数可以获取所有 3 个位置传感器（加速度计、陀螺仪和磁力计）的值，来获得最佳精度；要只使用一个传感器读取，请分别使用 sense.get_accelerometer、sense.get_gyroscope 或 sense.get_compass 函数。与前面的示例一样，该程序也将无限循环运行，要退出，请按<Ctrl + C>快捷键。

图 16-13　使用 Sense HAT 的位置传感器

你可以在/usr/src/sense-hat/examples/python-sense-hat 目录中找到更多示例，包括使用操纵杆来控制简单的游戏。要将这些文件复制到主目录中名为 sense-hat 的文件夹中，请输入以下命令。

```
mkdir ~/sense-hat
cp /usr/src/sense-hat/examples/python-sense-hat/* ~/sense-hat
sudo chown pi:pi ~/sense-hat/*
```

如果你的用户名不是"pi"，请务必在最终 chown 命令中更改用户名和组，确保你的用户有权编辑文件。然后，你才可以根据需要随意修改这些示例，将它们转换为其他用途或仅仅进行实验而不必担心丢失原文件。

HAT 标准

Sense HAT 是围绕 HAT 标准设计的树莓派的众多扩展板之一，HAT 标准代表将硬件附加在树莓派顶部。树莓派基金会创建了 HAT 标准，以便开发人员更容易设计生产出能够与树莓派 Model A+、树莓派 Model B+、树莓派 Model Zero、树莓派 2 和树莓派 3 兼容的硬件。

该标准涵盖了扩展板的物理和电气设计。要遵守 HAT 标准，电路板必须能连接到树莓派 40 引脚的 GPIO 插头上，同时包括与树莓派 Model B+ 和更新版本上的安装孔。扩展板也必须是矩形的，尺寸为 65 mm×56 mm，以确保它与树莓派 Model A+ 和更大尺寸的树莓派顶部完美匹配。

HAT 标准的电气部分要求设计人员在电路板上包含电可擦除可编程只读存储器（EEPROM）模块。这是一小块存储空间，非常类似于树莓派的 micro-SD 卡，它包含电路板如何工作，如何使用树莓派的 GPIO 引脚以及如何在操作系统中设置电路板的设备树的信息。

对于用户而不是电路板设计人员而言，HAT 标准仅仅意味着一件事：保证电路板与树莓派 Model B+ 或更新版本兼容。但是使用旧版型号树莓派 Model A 或 Model B 硬件的用户则不能使用 HAT 模块，因为它们没有树莓派 Model B+ 型引入的更长的 40 引脚 GPIO 插头。

有关 HAT 标准的更多信息，可以在 GitHub 上面找到。

第 5 篇

附录

附录 **A**
Python 程序代码

下面的代码清单提供了第 11 章的例 3 和例 4，第 14 章组合输入输出程序的简易代码。如果你手动输入代码，注意"↵"符号表示上下两行在代码中为一行。如果你在行末遇到这个标记，不要按回车键换行。

A.1 树莓贪吃蛇（第 11 章：例 3）

```python
#!/usr/bin/env python
# Raspberry Snake
# Written by Gareth Halfacree for the Raspberry Pi User Guide
import pygame, sys, time, random
from pygame.locals import *
pygame.init()
fpsClock = pygame.time.Clock()
playSurface = pygame.display.set_mode((640, 480))
pygame.display.set_caption('Raspberry Snake')
redColour = pygame.Color(255, 0, 0)
blackColour = pygame.Color(0, 0, 0)
whiteColour = pygame.Color(255, 255, 255)
greyColour = pygame.Color(150, 150, 150)
snakePosition = [100,100]
snakeSegments = [[100,100], [80,100], [60,100]]
raspberryPosition = [300,300]
raspberrySpawned = 1
direction = 'right'
changeDirection = direction
def gameOver():
    gameOverFont = pygame.font.Font('freesansbold.ttf', 72)
    gameOverSurf = gameOverFont.render ↵
    ('Game Over', True, greyColour)
```

```
        gameOverRect = gameOverSurf.get_rect()
        gameOverRect.midtop = (320, 10)
        playSurface.blit(gameOverSurf, gameOverRect)
        pygame.display.flip()
        time.sleep(5)
        pygame.quit()
        sys.exit()
while True:
    for event in pygame.event.get():
        if event.type == QUIT:
            pygame.quit()
            sys.exit()
        elif event.type == KEYDOWN:
            if event.key == K_RIGHT or event.key == ord('d'):
                changeDirection = 'right'
            if event.key == K_LEFT or event.key == ord('a'):
                changeDirection = 'left'
            if event.key == K_UP or event.key == ord('w'):
                changeDirection = 'up'
            if event.key == K_DOWN or event.key == ord('s'):
                changeDirection = 'down'
            if event.key == K_ESCAPE:
                pygame.event.post(pygame.event.Event(QUIT))
    if changeDirection == 'right' and not direction == 'left':
        direction = changeDirection
    if changeDirection == 'left' and not direction == 'right':
        direction = changeDirection
    if changeDirection == 'up' and not direction == 'down':
        direction = changeDirection
    if changeDirection == 'down' and not direction == 'up':
        direction = changeDirection
    if direction == 'right':
        snakePosition[0] += 20
    if direction == 'left':
        snakePosition[0] -= 20
    if direction == 'up':
        snakePosition[1] -= 20
    if direction == 'down':
        snakePosition[1] += 20
    snakeSegments.insert(0,list(snakePosition))
    if snakePosition[0] == raspberryPosition[0] and ↵
snakePosition[1] == raspberryPosition[1]:
        raspberrySpawned = 0
    else:
        snakeSegments.pop()
```

```python
        if raspberrySpawned == 0:
            x = random.randrange(1,32)
            y = random.randrange(1,24)
            raspberryPosition = [x*20,y*20]
            raspberrySpawned = 1
    playSurface.fill(blackColour)
    for position in snakeSegments:
        pygame.draw.rect(playSurface,whiteColour,Rect ↵
        (position[0], position[1], 20, 20))
    pygame.draw.rect(playSurface,redColour,Rect ↵
    (raspberryPosition[0], raspberryPosition[1], 20, 20))
    pygame.display.flip()
    if snakePosition[0] > 620 or snakePosition[0] < 0:
        gameOver()
    if snakePosition[1] > 460 or snakePosition[1] < 0:
        gameOver()
    for snakeBody in snakeSegments[1:]:
        if snakePosition[0] == snakeBody[0] and ↵
        snakePosition[1] == snakeBody[1]:
            gameOver()
    fpsClock.tick(20)
```

A.2　IRC 用户列表（第 11 章：例 4）

```python
#!/usr/bin/env python
# IRC User List
# Written by Tom Hudson for the Raspberry Pi User Guide
# http://tomhudson.co.uk/
import sys, socket, time
RPL_NAMREPLY   = '353'
RPL_ENDOFNAMES = '366'
irc = {
    'host':        'chat.freenode.net',
    'port':        6667,
    'channel':     '#raspiuserguide',
    'namesinterval': 5
}
user = {
    'nick':       'botnick',
    'username':   'botuser',
    'hostname':   'localhost',
    'servername': 'localhost',
    'realname':   'Raspberry Pi Names Bot'
}
```

```python
s = socket.socket(socket.AF_INET, socket.SOCK_STREAM)
print 'Connecting to %(host)s:%(port)s...' % irc
try:
    s.connect((irc['host'], irc['port']))
except socket.error:
    print 'Error connecting to IRC server ↵
    %(host)s:%(port)s' % irc
    sys.exit(1)
s.send('NICK %(nick)s\r\n' % user)
s.send('USER %(username)s %(hostname)s %(servername)s : ↵
%(realname)s\r\n' % user)
s.send('JOIN %(channel)s\r\n' % irc)
s.send('NAMES %(channel)s\r\n' % irc)
read_buffer = ''
names = []
while True:
    read_buffer += s.recv(1024)
    lines = read_buffer.split('\r\n')
    read_buffer = lines.pop()
    for line in lines:
        response = line.rstrip().split(' ', 3)
        response_code = response[1]
        if response_code == RPL_NAMREPLY:
            names_list = response[3].split(':')[1]
            names += names_list.split(' ')
        if response_code == RPL_ENDOFNAMES:
            print '\nUsers in %(channel)s:' % irc
            for name in names:
                print name
            names = []
            time.sleep(irc['namesinterval'])
            s.send('NAMES %(channel)s\r\n' % irc)
```

A.3　GPIO 输入输出（第 14 章）

```python
#!/usr/bin/env python
# Raspberry Pi GPIO Input/Output example
# Written by Gareth Halfacree for the Raspberry Pi User Guide
import RPi.GPIO as GPIO
GPIO.setmode(GPIO.BOARD)
GPIO.setup(11, GPIO.OUT)
GPIO.setup(12, GPIO.IN)
GPIO.output(11, False)
while True:
```

```
input_value = GPIO.input(12)
if input_value == False:
    print "The button has been pressed. Lighting LED."
    GPIO.output(11, True)
    while input_value == False:
        input_value = GPIO.input(12)
    print "The button has been released. Extinguishing LED."
if input_value == True:
    GPIO.output(11, False)
```

附录 **B**
树莓派的摄像头知识快速参考

树莓派摄像头模块有着为拍摄静态图像和视频而设计的软件，每款软件都有丰富的选项用于控制最终的输出。本附录包含了 raspistill 和 raspivid 的选项介绍。更多信息请参见第 15 章。

B.1   共享的选项

以下选项按字母顺序列出，它们是 raspistill 和 raspivid 所共享的。关于某个应用特有的选项，参见本附录后面 raspistill 和 raspivid 各自单独的条目。

- **-?或--help 帮助**：显示所有选项及用法。

- **-a 或--annotate**：允许将文本注释应用于视频或图像。该选项后引号中提供的任何文本将打印在所有图像或视频上，或者使用以下位字段（以-a N 或--annotate N 的形式使用，其中 N 是以下任意数字之一，如果需要多个字段，则 N 可以是两个或两个以上数字的总和）打印其他信息或更改文本的显示方式。

  - 1：在命令行上打印用户提供的文本。

  - 2：打印由该实用程序称为模块的应用程序提供的文本。

  - 4：打印当前日期。

  - 8：打印当前时间。

  - 16：打印摄像机的快门设置。

- 32：打印摄像机的 CAF 设置。
- 64：打印摄像机的增益设置。
- 128：打印摄像机的镜头设置。
- 256：打印摄像机的运动设置。
- 512：打印当前帧编号。
- 1 024：使用黑色背景。

■ **-ae** 或**–annotateex**：控制文本注释的外观，格式为大小、文本颜色、背景颜色，颜色以十六进制 YUV 格式指定，大小范围为 6～160（默认为 32）可用。

■ **-awb** 或**--awb**（自动白平衡）：设置所拍照片或视频的色温为预设值集合中的一种。如果你的照片或视频发蓝或者发黄，首先尝试调整这个选项。该选项的可选值为 off、auto、sun、cloud、shade、tungsten、fluorescent、incandescent、flash、horizon。

■ **-awbg** 或**–awbgains**：将自动白平衡设置为关闭时应使用的蓝色和红色通道增益，将其指定为浮点数。

■ **-br** 或**--brightness**（亮度）：调节所拍照片或视频的亮度。该选项的可选值为 0（最低亮度）～100（最高亮度）的所有整数。

■ **-cfx** 或**--colfx**（颜色效果）：允许用户调节 YUV 色彩空间，对最终图像进行精细调整。选项值以 $U{:}V$ 格式给出，其中 U 控制色度，V 控制亮度。值 128:128 产生一个灰度图像。

■ **-co** 或**--contrast**（对比度）：调节所拍照片或视频的对比度。该选项的可选值为–100（最小对比度）～100（最大对比度）的所有整数。

■ **-d** 或**--demo**（预览模式）：以演示模式运行 raspistill 或 raspivid，循环显示各摄像头选项的效果预览。该模式下不会拍摄图像，即使通过--output 选项指定输出文件。

■ **-drc** 或**--drc**（动态范围控制）：通过增加用于拍摄较暗图像区域的范围并减小用于较亮区域的范围来修改图像，从而在低光条件下提高图像可见性。可能的值为 off、low、medium 和 high。

- **-ev 或--ev（曝光度）**：增加或减少摄像头的曝光度，使所拍照片或视频变亮或变暗。和亮度、对比度设置不同，它影响摄像头的实际拍摄。可选值为-10～10，默认为 0。

- **-ex 或--exposure（曝光模式）**：摄像头自动曝光设置，该设置控制摄像头拍摄一张照片或一帧图像所用的时间而且主要取决于光线情况和物体的移动速度。高速移动的物体需要短曝光时间聚焦，而低光环境需要长曝光时间。该选项的可选值为：auto、night、nightpreview、backlight、spotlight、sports、snow、beach、verylong、fixedfps、antishake、fireworks。

- **-f 或--fullscreen（全屏预览）**：使预览图填满全屏，优先于其他所有已设置的预览选项。

- **-h 或--height（高度）**：指定拍摄照片或视频的高度（或垂直分辨率）。它可以设置以像素为单位的指定高度。例如，全高清的高度值为 1 080 像素，最小值为 64 像素，最大值取决于是录像还是照相，以及所使用的摄像头型号（500 万像素或 800 万像素）。

- **-hf 或--hflip（水平翻转）**：水平方向翻转拍摄的照片或视频，如同镜像处理。

- **-ifx 或--imxfx（图像效果）**：对照片或视频启用一个或多个预设的特殊效果。该选项的可选值为 none、negative、solarise、sketch、denoise、emboss、oilpaint、hatch、gpen、pastel、watercolour、film、blur、saturation、colourswap、washedout、posterise、colourpoint、colourbalance、cartoon。这些设置的效果可以在演示模式中查看。

- **-ISO 或--ISO（ISO 感光度）**：设置摄像头感光度。较低的 ISO 值使图像更清晰，但需要较长的曝光时间；较高的 ISO 值可缩短曝光时间，拍摄高速移动的物体或光线不好的环境，但拍摄的图像会有噪点。ISO 取值范围为 100～800。

- **-k 或--keypress（按键捕捉模式）**：按下回车键时拍摄图像或视频，而不是自动拍摄。当拍摄静止图像时，每次按键都会拍摄一张图像，在拍摄视频时，输入将在记录和暂停模式之间切换。在这两种情况下，按 X 键，然后按回车键将退出应用程序并停止拍摄过程。

- **-md 或--mode**（传感器模式）：设置传感器模式，该模式控制分辨率、宽高比、帧速率、视野（FoV）和分级。

  - 0：自动选择适当的模式。

  - 1：设置为 1 920 像素×1 080 像素（全高清）16:9 模式，帧速率为 1～30fps，部分为 FoV，无分挡。

  - 2：设置为 2 592 像素×1 944 像素即 4:3 模式，帧速率为 1～15fps，全 FoV，无分挡。

  - 3：设置为 2 592 像素×1 944 像素即 4:3 模式，帧速率为 0.166 6～1fps，全 FoV，无分挡。

  - 4：设置为 1 296 像素×972 像素即 4:3 模式，帧速率为 1～42fps，完全 FoV 和 2×2 分挡。

  - 5：设置为 1 296 像素×730 像素即 16:9 模式，帧速率为 1～49fps，完全 FoV 和 2×2 分挡。

  - 6：设置为 640 像素×480 像素即 4:3 模式，帧速率为 42.1～60fps，全 FoV 和 2×2 加跳过分挡。

  - 7：设置为 640 像素×480 像素，即 4:3 模式，帧速率为 60.1～90fps，全 FoV 和 2×2 加跳过分挡。

- **-mm 或--metering**（光线感知模式）：设置照片和视频的光线感知模式，包括自动控制曝光、白平衡和 ISO 感光度选项。该选项的可选值为 average、spot、backlit、matrix。

- **-n 或--nopreview**（不预览）：拍摄时不显示预览窗口。

- **-o 或--output**（输出文件）：设置要保存的文件名。选项值可以是一个文件名（文件会被创建在当前目录下）或一个绝对路径。如果 raspistill 或 raspivid 和其他程序一起使用，希望将图像和视频数据作为标准输入，你可以用一个连字符（-）作为文件名，将数据定向到标准输出。

- **-op 或--opacity**（预览透明度）：控制预览窗口透明度。可选值为 0～255

的整数，0 为完全透明，255 为不透明。设为接近 128 的值既能看到实时预览，又能看到后面的文本。

- **-p 或--preview**（设置预览窗口）：设置预览窗口的大小和位置。格式为 (X,Y,W,H)，其中 X 和 Y 为窗口左上角的像素坐标，W 和 H 为预览窗口的宽度和高度的像素值。

- **-roi 或--roi**（感兴趣区域）：允许将摄像头传感器的一部分设置为捕捉源，而不是整个传感器，可以有效地裁剪所捕获的图像。该选项采用 0.0 和 1.0 之间的浮点规格化 X 和 Y 坐标。例如，假如要使用摄像头传感器左上角四分之一的区域，则设置为 (0,0,0.25,0.25)。

- **-rot 或--rotation**（旋转捕捉）：以一个任意角旋转所拍照片或视频。选项值为一个顺时针角度值，0 表示不旋转，359 为最大旋转角度。给定值会向下舍入到 90 的倍数，实际旋转为 0、90、180、270 度。

- **-sa 或--saturation**（饱和度）：调节照片或视频的饱和度。该选项的可选值为–100（最小饱和度）～100（最大饱和度）的整数。

- **-sh 或--sharpness**（锐度）：调节照片或视频的锐度。该选项的可选范围为 –100（最小锐度）～100（最大锐度）。

- **-sh 或--sharpness**（信号模式）：通过从系统上的另一个进程发送的 USR1 信号控制图像或视频的拍摄。以与按键模式选项相同的方式切换拍照或录制。

- **-ss 或--shutter**（快门速度）：手动控制摄像机快门的速度，以微秒为单位，最高可达 6 000 000μs（6s）。

- **-st 或--stats**（显示统计信息）：在拍摄过程中显示有关拍摄的统计信息，包括曝光、增益和白平衡设置。

- **-t 或--timeout**（捕获超时）：控制预览窗口的超时时间，单位为毫秒。尽管各工具共享这个选项，但执行的动作不同。在 raspistill 中，--timeout 选项设置照片拍摄前的等待时间；在 raspivid 中，该选项设置视频录制的时间。0 值对于 raspistill 会一直显示预览并且不会拍摄照片；对于 raspivid 则会一直录制视频。如果不指定，则默认值为 5 s。

- **-v 或--verbose**（详细信息）：冗长模式，使摄像应用向控制台终端输出关于正在执行的动作尽可能详细的信息。通常用于软件错误调试，可以让用户看到摄像过程中发生的错误。

- **-vf 或--vflip**（纵向翻转）：按竖直方向翻转照片。通常在摄像头因排线位置阻碍而无法正确安置时使用。如果摄像头不是镜头颠倒，而是偏转了一定角度，可以尝试使用 rotation 选项处理。

- **-vs 或--vstab**（视频稳定性）：尝试校正摄像头的抖动。常用于树莓派或是当摄像头模块握在手中或固定在机器人、小车或其他移动平台上时。

- **-w 或--width**（宽度）：指定拍摄照片或视频的宽度（水平分辨率）。设置期望的宽度像素值，例如全高清的宽度值为 1920 像素。最小值为 64 像素；最大值取决于是视频还是图片。

B.2 Raspistill 选项

raspistill 为拍摄静态图像而设计，有一些特定选项不应用于 raspivid。这些选项如下所示。

- **-bm 或--burst**（连拍模式）：拍摄多个静态图像而无须将摄像机切换到预览模式，这可以防止在短暂延迟拍摄图像时丢帧。

- **-dt 或--datetime**（时期时间模式）：当拍摄多个图像时，使用文件名中的当前日期和时间（以 Year Month Day Hour Minute Second 格式）而不是递增的帧编号。

- **-e 或--encoding**（编码格式）：设置图像输出格式，输出文件的扩展名不会受影响，不允许在--output 选项中手动更改，可选值为 jpg、bmp、gif、png。

- **-fp 或--fullpreview**（完整预览模式）：对实时预览图像使用与拍摄设置相同的分辨率。这会真正体现出你所看到的，但限制为每秒 15 帧。它还可以在快速捕获期间消除传感器切换延迟，方式与突发模式选项大致相同，这二者不需要一起使用。

- **-fs** 或**--framestart**（起始帧数）：指定在输出文件名中开始计算捕获帧的数量。可用于在不覆盖任何现有文件的情况下继续中断捕获序列。

- **-g** 或**--gl**（**GL 纹理预览**）：将预览图像绘制为 GL 纹理而不是使用视频渲染器组件。

- **-gc** 或**--glcapture**（保存 **GL 帧缓冲区**）：保存 GL 帧缓冲数据而不是摄像机图像。

- **-gs** 或**--glscene**（**GL 场景渲染**）：使用来自摄像机的图像数据呈现用户对 GL ES 2.0 场景的选择。

- **-gw** 或**--glwin**（**GL 窗口**）：绘制一个 GL ES 2.0 窗口，指定为左上角的单引号括起坐标，后跟宽度和高度（例如，"0,0,1920,1080"）。

- **-l** 或**--latest**（链接到最近拍摄的图片）：使用用户提供的文件名创建指向最近拍摄图像的文件系统链接。

- **-q** 或**--quality**（**JPEG 质量**）：设置保存为 JPEG 的压缩等级，使用其他编码格式时无效。该值越低，最终的图像文件越小，该值最大为 100，此时图片质量最高；该值最小为 0，此时图片质量较差，但文件也小。设为 90 可以兼顾文件大小和质量。

- **-r** 或**--raw**（保存 **Bayer 数据**）：将摄像头的 Bayer 颜色过滤器输出保存为 JPEG 图像的元数据，该选项对其他编码格式无效。这个额外的数据是摄像头的传感器不可篡改的输出，可以被图像编辑应用，用来提高图像画质，但通常不是必要的。

- **-th** 或**--thumb**（缩略图设置）：设置保存为 JPEG 的缩略图的大小和质量，对其他编码格式无效。以 $X{:}Y{:}Q$ 的格式给出，其中 X 表示宽度，Y 表示高度，Q 表示缩略图质量（0～100）。值为空时可以关闭缩略图。

- **-tl** 或**--timelapse**（间隔拍摄模式）：设置定时模式。照片会在一个设定的时间后拍摄。常用于当配合脚本或第三方应用使用时，通过连字符（-）设置文件输出到标准输出。当使用--output 选项设置一个文件名时，每次拍摄新照片时都会重写该文件。该选项值的单位为毫秒。

- **-ts** 或**--timestamp**（时间戳模式）：当拍摄多个图像时，使用文件名中的当前日期和时间（以 UNIX 时间戳格式）而不是递增的帧编号。

- **-x 或--exif（EXIF 标签）**：允许向 JPEG 图像写入自定义的可交换图像文件格式（Exchangable Image File Format，EXIF）标签，对其他编码格式无效。标签格式为'key=value'，例如用-x ' Author=Gareth Halfacree '设置拍摄者姓名，或者设置-x none 关闭 EXIF 标签。

B.3　raspivid 选项

raspivid 为录制视频图像而设计，有一些特定选项不应用于 raspistill，这些选项如下所示。

- **-b 或--bitrate（编码比特率）**：设置视频的比特率，以比特每秒（bit/s）为单位。比特率越高，完成视频质量越高，但文件体积也越大。除非你对视频有特殊需求，否则一般使用默认值。

- **-c 或--circular（循环缓冲区）**：不断地将视频记录到内存缓冲区中，当按下回车键或收到 USR1 信号时，将最新的块（由-t 或--timeout 选项指定）写入磁盘。

- **-cd 或--codec（编解码器）**：在两个可能的录制编解码器之间进行选择——H264（默认）或 MJPeG。

- **-e 或--penc（编码预览）**：使用预览窗口显示编码后而不是编码前的视频帧。可以提供最终视频的真实预览效果，常用于调整编码比特率。

- **-fl 或--flush（刷新缓冲区）**：刷新缓冲区以减少延迟。

- **-fps 或--framerate（视频帧率）**：设置录制视频的帧率，以帧每秒为单位。帧率越高，画面越流畅；而帧率越低，越节省磁盘空间。每秒高于 30 帧时，可以通过视频编辑软件转成慢镜头视频，不过只能在低分辨率下工作（通过--width 和--height 选项设置）。

- **-g 或--intra（刷新周期）**：设置关键帧（又称"框内编码画面"或"I 桢"）频率。一个关键帧记录的是完整图像，而不是相对上一帧的变化。当记录快速变化的场景时，关键帧频率越高，视频质量越高，但文件体积也越大。

- **-i 或--initial**（初始模式）：控制 raspivid 启动时处于哪种模式——record（默认）或 pause。

- **-if 或--irefresh**（刷新类型）：设置应使用的关键帧的类型，从循环、自适应、双循环和循环行中进行内联方法选择。

- **-ih 或--inline**（内联报头）：通过 inline(SPS, PPS)将报头插入视频流。

- **-pf 或--profile**（编解码器配置文件）：当使用 H264 编解码器对视频进行编码时，从基线、主帧和高帧选择要使用的配置文件。

- **-pts 或–save-pts**（时间戳）：将时间戳保存到输出视频文件中，可由 mkvmerge 使用该文件。

- **-qp 或--qp**（量化）：使用参数值启用量化，参数值应设置在 10～40 之间，默认值为 0（默认值）禁用量化。

- **-sg 或--segment**（分段输出）：将输出分割成多个段，每个段的长度以毫秒为单位。

- **-sn 或--start**（分段开始）：指定应开始分段输出的段号，而不是默认值 1。

- **-sp 或--split**（拆分）：使用基于按键或基于信号的触发模式或定时模式时，split 选项将在每次软件进入记录模式时开始一个新文件,而不是将素材附加到现有文件的末尾。

- **-td 或--timed**（定时模式）：根据格式记录中提供的以毫秒为单位的时间，在记录和暂停模式之间连续切换、暂停(因此,要记录 30s,然后暂停 1min,选项是"-td 30000,60000"。

- **-wr 或--wrap**（段包装）：指定段号，在该段之后，软件应回送到第一段并开始覆盖现有文件。

- **-x 或--vectors**（输出运动矢量）：将内联运动矢量输出到指定的文件名。

附录C
HDMI 显示模式

你可以参考表 C-1 和表 C-2 的数据来配置 HDMI 视频流程序 config.txt 中的
hdmi_mode 参数。详情请参考本书第 7 章。

表 C-1　HDMI 组 1（CEA）

值	描　　述
1	VGA（640×480）
2	480p　60Hz
3	480p　60Hz（纵横比 16∶9）
4	720p　60Hz
5	1080i　60Hz
6	480i　60Hz
7	480i　60Hz（纵横比 16∶9）
8	240p　60Hz
9	240p　60Hz（纵横比 16∶9）
10	480i　60Hz（启用 4 倍像素渲染）
11	480i　60Hz（启用 4 倍像素渲染）（纵横比 16∶9）
12	240p　60Hz（启用 4 倍像素渲染）
13	240p　60Hz（启用 4 倍像素渲染）（纵横比 16∶9）
14	480p　60Hz（启用 4 倍像素渲染）
15	480p　60Hz（启用 4 倍像素渲染）（纵横比 16∶9）
16	1080p　60Hz
17	576p　50Hz
18	576p　50Hz（纵横比 16∶9）
19	720p　50Hz

续表

值	描　　述
20	1080i　50Hz
21	576i　50Hz
22	576i　50Hz（纵横比 16∶9）
23	288p　50Hz
24	288p　50Hz（纵横比 16∶9）
25	576i　50Hz（启用 4 倍像素渲染）
26	576i　50Hz（启用 4 倍像素渲染）（纵横比 16∶9）
27	288p　50Hz（启用 4 倍像素渲染）
28	288p　50Hz（启用 4 倍像素渲染）（纵横比 16∶9）
29	576p　50Hz（启用 4 倍像素渲染）
30	576p　50Hz（启用 4 倍像素渲染）（纵横比 16∶9）
31	1080p　50Hz
32	1080p　24Hz
33	1080p　25Hz
34	1080p　30Hz
35	480p　60Hz（启用 4 倍像素渲染）
36	480p　60Hz（启用 4 倍像素渲染）（纵横比 16∶9）
37	576p　50Hz（启用 4 倍像素渲染）
38	576p　50Hz（启用 4 倍像素渲染）（纵横比 16∶9）
39	1080i　50Hz（减少消隐）
40	1080i　100Hz
41	720p　100Hz
42	576p　100Hz
43	576p　100Hz（纵横比 16∶9）
44	576i　100Hz
45	576i　100Hz（纵横比 16∶9）
46	1080i　120Hz
47	720p　120Hz
48	480p　120Hz
49	480p　120Hz（纵横比 16∶9）
50	480i　120Hz
51	480i　120Hz（纵横比 16∶9）

续表

值	描　述
52	576p　200Hz
53	576p　200Hz（纵横比 16∶9）
54	576i　200Hz
55	576i　200Hz（纵横比 16∶9）
56	480p　24Hz0
57	480p　24Hz0（纵横比 16∶9）
58	480i　240Hz
59	480i　240Hz（纵横比 16∶9）

表 C-2   HDMI 组 2（DMT）

值	描　述
1	640×350　85Hz
2	640×400　85Hz
3	720×400　85Hz
4	640×480　60Hz
5	640×480　72Hz
6	640×480　75Hz
7	640×480　85Hz
8	800×600　56Hz
9	800×600　60Hz
10	800×600　72Hz
11	800×600　75Hz
12	800×600　85Hz
13	800×600　120Hz
14	848×480　60Hz
15	1 024×768　43Hz，和树莓派不兼容
16	1 024×768　60Hz
17	1 024×768　70Hz
18	1 024×768　75Hz
19	1 024×768　85Hz
20	1 024×768　120Hz

续表

值	描　述
21	1 152×864　75Hz
22	1 280×768（减少消隐）
23	1 280×768　60Hz
24	1 280×768　75Hz
25	1 280×768　85Hz
26	1 280×768　120Hz（减少消隐）
27	1 280×800（减少消隐）
28	1 280×800　60Hz
29	1 280×800　75Hz
30	1 280×800　85Hz
31	1 280×800　120Hz（减少消隐）
32	1 280×960　60Hz
33	1 280×960　85Hz
34	1 280×960　120Hz（减少消隐）
35	1 280×1 024　60Hz
36	1 280×1 024　75Hz
37	1 280×1 024　85Hz
38	1 280×1 024　120Hz（减少消隐）
39	1 360×768　60Hz
40	1 360×768　120Hz（减少消隐）
41	1 400×1 050（减少消隐）
42	1 400×1 050　60Hz
43	1 400×1 050　75Hz
44	1 400×1 050　85Hz
45	1 400×1 050　120Hz（减少消隐）
46	1 440×900（减少消隐）
47	1 440×900　60Hz
48	1 440×900　75Hz
49	1 440×900　85Hz
50	1 440×900　120Hz（减少消隐）
51	1 600×1 200　60Hz
52	1 600×1 200　65Hz
53	1 600×1 200　70Hz

续表

值	描　　述
54	1 600×1 200　75Hz
55	1 600×1 200　85Hz
56	1 600×1 200　120Hz（减少消隐）
57	1 680×1 050（减少消隐）
58	1 680×1 050　60Hz
59	1 680×1 050　75Hz
60	1 680×1 050　85Hz
61	1 680×1 050　120Hz（减少消隐）
62	1 792×1 344　60Hz
63	1 792×1 344　75Hz
64	1 792×1 344　120Hz（减少消隐）
65	1 856×1 392　60Hz
66	1 856×1 392　75Hz
67	1 856×1 392　120Hz（减少消隐）
68	1 920×1 200（减少消隐）
69	1 920×1 200　60Hz
70	1 920×1 200　75Hz
71	1 920×1 200　85Hz
72	1 920×1 200　120Hz（减少消隐）
73	1 920×1 440　60Hz
74	1 920×1 440　75Hz
75	1 920×1 440　120Hz（减少消隐）
76	2 560×1 600（减少消隐）
77	2 560×1 600　60Hz
78	2 560×1 600　75Hz
79	2 560×1 600　85Hz
80	2 560×1 600　120Hz（减少消隐）
81	1 366×768　60Hz
82	1 920×1 080（1 080p）60Hz
83	1 600×900（减少消隐）
84	2 048×1 152（减少消隐）
85	1 280×720（720p）60Hz
86	1 366×768（减少消隐）